高等职业教育艺术设计类工作室教学实训教材

景观设计效果图实训

朱婧 杨文波 编著

中国建筑工业出版社

图书在版编目(CIP)数据

景观设计效果图实训／朱婧，杨文波编著．—北京：中国建筑工业出版社，2012.1
（高等职业教育艺术设计类工作室教学实训教材）
ISBN 978-7-112-13891-3

Ⅰ．①景… Ⅱ．①朱…②杨… Ⅲ．①景观－园林设计－建筑制图－技法（美术） Ⅳ．①TU986.2

中国版本图书馆CIP数据核字(2011)第271754号

责任编辑：费海玲　张振光
责任设计：陈　旭
责任校对：党　蕾　王雪竹

高等职业教育艺术设计类工作室教学实训教材
景观设计效果图实训
朱　婧　杨文波　编著
*
中国建筑工业出版社出版、发行（北京西郊百万庄）
各地新华书店、建筑书店经销
北京嘉泰利德公司制版
北京云浩印刷有限责任公司印刷
*
开本：880×1230毫米　1/16　印张：6¾　字数：206千字
2012年3月第一版　2012年3月第一次印刷
定价：36.00元
ISBN 978-7-112-13891-3
　　　(21900)

版权所有　翻印必究
如有印装质量问题，可寄本社退换
（邮政编码 100037）

前 言

　　景观设计包括景观设计基础、艺术设计、计算机技术等多方面内容，是一门综合性和实用性都非常强的新兴学科。

　　《景观设计效果图实训》以 Auto CAD、Sketch Up、3DS Max、Photoshop CS 四个软件为操作对象，综合介绍绘图软件在景观设计效果图制作中的主要功能及其应用。能否熟练地掌握一个软件并运用到实际的工作中，需要多方面的能力。本书不仅系统地介绍了软件的使用方法，还详细地介绍了别墅庭院景观设计、城市广场设计、公园景区规划设计等景观设计领域中典型应用的设计过程和方法。

　　全书共分 3 个项目课题，以图解的方式，通过基础知识和实例训练相结合的方法，从软件功能应用到景观设计效果图制作，循序渐进地介绍各个过程。通过典型项目实例介绍软件的综合应用，最后以综合实例的方式进一步向读者综合介绍景观设计的整个流程、操作方法和操作技巧。书中大篇幅地介绍了在景观设计效果图中遇到的问题和解决这些问题的方法，效果图的使用技巧、实践经验，以及在软件使用过程中一些特殊的使用技术参数的设定。

　　《景观设计效果图实训》具有较强的实用性，注重培养读者的实践能力，适用于高职院校环境艺术设计相关专业的人员，也适用于从事景观设计的工程人员学习参考。

目录 CONTENTS

前言
第1章　景观设计概述 ·· 001
　　1.1　景观设计基础 ·· 001
　　1.2　景观设计的过程 ··· 002
　　1.3　景观设计效果图表现基础 ··· 002
第2章　工作室教学第一单元——别墅庭院景观规划绘制项目 ··················· 007
　　2.1　别墅庭院景观规划绘制项目 ·· 007
　　2.2　绘制别墅庭院景观效果图 ··· 008
第3章　工作室教学第二单元——城市广场绘制项目 ······························· 041
　　3.1　城市广场绘制项目 ·· 041
　　3.2　绘制城市广场景观效果图 ··· 042
第4章　工作室教学第三单元——公园景区规划绘制项目 ·························· 075
　　4.1　公园景区规划绘制项目 ·· 075
　　4.2　绘制公园景区效果图 ·· 075

参考文献 ··· 102

第1章 景观设计概述

1.1 景观设计基础

1.1.1 景观的概念

"景观"一词,最早出现在古英语中,最初是指"留下了人类文明足迹的地区"。到了17世纪,"景观"作为绘画术语从荷兰语中再次被引入英语,意为"描绘内陆自然风光的绘画,区别于肖像、海景等绘画内容"。直至18世纪,"景观"才同"园艺"联系起来,而19世纪的地质学家和地理学家还在用"景观"一词代表"一大片土地"。现今,随着社会的发展,环境问题日益突出,景观的含义变得更加丰富。于是,"景观"也演变为描述特定环境设计的世界通用词汇。因此,"景观"和设计的关系也便越来越密切。

1.1.2 景观设计的概念

景观设计,是一项关于土地利用和管理的活动,是一种包括自然及建成环境的分析、规划、设计、管理和维护的职业,其范围包括公共空间、商业空间及居住用地场地规划、景观改造、城镇设计和历史保护等。

景观设计相对于景观而言带有更多的人为因素,因为设计毕竟是一种人为的或受人力支配的活动。它是指人们对特定的环境进行的有意识地改造行为,它可以在某一区域内创造一个具有形态、形式因素的构成,具有一定社会文化内涵及审美价值的景物。

景观设计中所包含的内容十分广泛,如地理学、建筑学、城市规划设计、设计美学、历史美学等。它不仅要涉及大量的自然、人文、科学知识,而且在设计的过程中,更重要的是艺术创造、艺术直觉。现代景观设计包括视觉景观形象、环境生态绿化、大众行为心理三方面内容,这三方面内容也是景观规划设计的三要素。

1.1.3 景观设计的原则

"适用、经济、美观"是景观艺术设计必须遵循的原则。

景观设计过程中,"适用、经济、美观"三者之间不是孤立的,而是紧密联系不可分割的整体。单纯地追求"适用、经济",不考虑景观艺术的美感,会降低景观艺术水准,失去吸引力,不被广大群众所喜欢;如果单纯地追求美观,不全面考虑适用和经济,又会产生某种偏差或缺乏经济基础,从而导致设计方案成为一纸空文。所以,景观设计工作必须在适用和经济的前提下,尽可能地做到美观,美观必须与适用、经济协调起来,统一考虑,最终创造出理想的景观作品。

1.1.4 景观设计的发展历程

景观设计的发展与社会的发展紧密联系。社会的政治、经济、文化状况对景观设计有着深刻的影响,改变着景观设计的面貌。社会因素是景观设计学科发展最深层的原动力。同时,景观设计对社会的发展也起着积极的推动作用。

中国在景观设计方面历史悠久,今天我们所学的景观设计具体到中国古代的景观设计,就等同于风景园林设计及庭院设计。而中国的园林则被世界誉为东方园林设计之母园。

中国园林设计中对于自然美的推崇和追求与当今景观设计的宗旨——保护自然生态性,如出一辙。同时,中国悠久而独具特色的园林设计,也为今后中国的景观设计师向国际化迈进奠定了扎实的基础(图1-1)。

图1-1 中国园林景观

西方的景观设计最早产生于古希腊和古罗马,古希腊和古罗马的景观设计为后来西方国家的景观设计奠定了基础。总体上说，欧洲等西方国家的景观设计，其发展不同于东方，原因在于审美习惯和审美趣味各异，其景观艺术设计开始的主要风格、特点多利用自然景物，极少用人工装饰，到了近代，景观的艺术设计中才逐渐开始注重对色彩的应用，以提升整体景观的效果，其对色彩的应用既广泛又娴熟（图1-2）。

图1-2　西方园林景观

1.1.5　景观设计构成要素

景观设计的构成要素有空间尺度要素、物质构成要素、可变的动态要素、精神需求要素、功能要素、生态要素。这几大要素通过有机组合，构成一定特殊的景观表现形式，成为表达某一性质、某一主题思想的景观作品。

1.2　景观设计的过程

通常情况下，景观设计包括接受设计任务、调查分析、方案设计过程、施工设计、工程预算与服务承诺五个阶段。这五个阶段相互制约并有明确的职责划分。在景观设计过程中，设计师需要根据各个阶段的具体情况，绘制大量的设计图纸，以表达设计意图。

1.3　景观设计效果图表现基础

景观设计是专业性较强的领域，设计师在设计过程中使用一些专业性较强的符号、图形来表达设计思想，这些符号和图形对于没有专业知识的人来说是难以理解的。景观设计效果图是景观设计的产物，由于景观设计平面图的专业性，了解景观设计就需要一个比平面更加形象直观的方式，景观设计效果图就是景观设计平面图的实物图像展现形式。

1.3.1　景观设计效果图的作用

景观艺术设计效果图是建筑效果图的一种。主要有两种表现形式，一种是手绘效果图，一种是借助计算机软件制作的电脑效果图。手绘效果图是早期景观设计效果图的主要设计方法，在制作过程中首先勾画出建筑的轮廓，然后填充色彩。手绘景观效果图需要作者具有很强的艺术功底。随着计算机技术的发展和人们对表现图效果要求的提高，效果图的制作方法有了很大的改进。目前，效果图的制作主要依靠计算机软件。使用计算机软件制作的效果图更加精确，制作过程更加便捷，已经成为效果图制作的主流方法（图1-3、图1-4）。

图1-3　手绘景观效果图

图1-4　计算机绘制景观效果图

1.3.2　景观设计效果图的制作软件

目前，用于制作景观艺术设计效果图的软件比较多，常用的主要有AutoCAD、Sketch Up、3DS Max/VRay、Photoshop CS、Piranesi、Artlantis等软件。不同的软件具有不同的功能，使用方法也有所差异。

1. Auto CAD 的使用

Auto CAD 是 Autodesk 公司推出的设计软件，它广泛应用于机械设计、建筑设计、城市规划等多个领域，在景观设计效果图的制作中，可以使用这个软件绘制出景观设计的平面图和立面图等（图1-5、图1-6）。

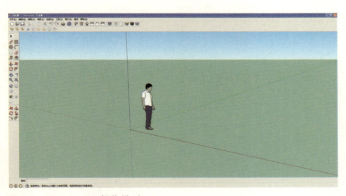

图1-7　Sketch Up 操作界面

图1-5　使用 CAD 绘制景观设计平面图

图1-8　Sketch Up 绘制的景观模型

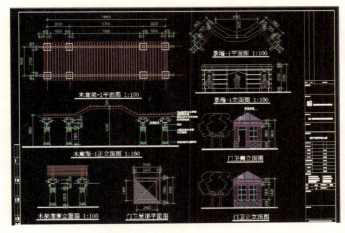

图1-6　使用 CAD 绘制景观设计立面图

图1-9　Sketch Up 绘制的景观效果图

2. Sketch Up 的使用

Sketch Up，中文译名为草图大师，是一款简便易学、发展迅速的 3D 建模和应用软件，目前广泛应用于工业设计、产品设计、建筑设计、城市规划、游戏开发、网上购物等多个领域。在景观设计效果图的制作中，可以使用这个软件绘制景观设计的效果图（图1-7～图1-9）。

3. 3DS Max/VRay 渲染器的使用

3DS Max 作为一个成熟的三维软件，是很多效果图设计制作者的首选软件，可以让使用者实现从建模到灯光、材质，再到渲染输出的全部过程。

使用 3DS Max 可以从多角度灵活地展示三维结构和空间关系，并且它拥有功能相对比较完善的图形修改和编辑能力，可以高效率地存储、复制和利用已有的图形或模型（图1-10～图1-13）。

VRay 渲染器是 3DS Max 的外部渲染插件。VRay 渲染器的工作原理主要基于全局照明，全局照明是一种使用间接照明来模拟真实的光影效果技术。此外，VRay 渲染器还提供了景深、运动、模糊、三角面置换等高级效果。由于它操作简便，

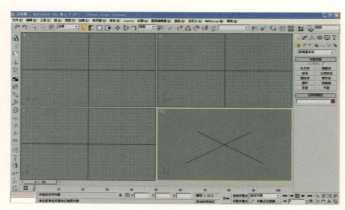

图 1-10　3DS Max 操作界面

图 1-13　别墅庭院景观效果图

Photoshop CS 提供的绘图工具能够使外来图像与创意进行很好的融合，使图像的合成天衣无缝。对于景观设计效果图来说，Photoshop CS 强大的图像处理功能，可以方便快捷地对图像进行合成、色彩调整和校正（图 1-14 ～图 1-16）。

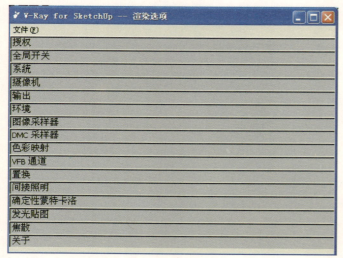

图 1-11　VRay 渲染器面板

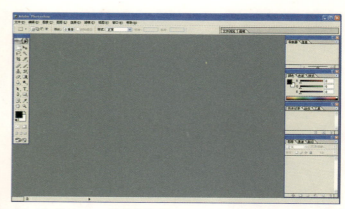

图 1-14　Photoshop CS 操作界面

图 1-12　广场景观效果图

渲染速度快，VRay 渲染器已被广泛应用于室内效果图、建筑效果图以及商业广告等领域。

4.Photoshop CS 的使用

Photoshop CS，这一图像处理软件自从 20 世纪 80 年代推出就风靡全球，它是一款顶尖的平面设计与处理的软件，在很多行业都有着重要的应用。

图 1-15　Photoshop CS 后期处理前效果

图 1-16　Photoshop CS 后期处理后效果

5. Piranesi 的使用

Piranesi（彩绘大师）是针对艺术家、建筑师和设计师研发的三维立体专业彩绘软件。

彩绘大师拥有正确的透视图处理、光影效果和近大远小带消失关系的 Z 通道贴图，是真正的空间图形处理软件。Piranesi 拥有完善的手绘模拟系统，能够反复自由地添笔、校正，一步步构筑图像，在画布上完成各式各样风格的图像。Piranesi 与 Sketch Up 是一对天然的建筑表现搭档，建筑师能够在很短的时间内能通过 Sketch Up 创作草图，再通过 Piranesi 进一步处理，最后形成水彩、水粉、油画和马克笔等手绘风格的建筑作品效果图（图 1-17、图 1-18）。

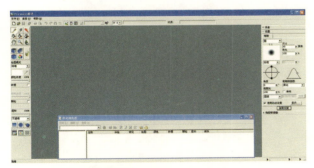

图 1-17　Piranesi 操作界面

图 1-18　Piranesi 效果图

6. 渲染伴侣 Artlantis 的使用

Artlantis 是法国 Abvent 公司开发的一款重量级渲染引擎，也是 Sketch Up 的一个天然渲染伴侣，它是用于建筑室内和室外场景的专业渲染软件，其超凡的渲染速度与质量、友好和简洁的用户界面令人耳目一新，被誉为建筑绘图场景、建筑效果图画和多媒体制作领域的一场革命。它的渲染速度极快，与 Sketch Up、3DS Mas 和 ArchiCAD 等建筑建模软件可以无缝连接，渲染后所有绘图与动画影像的呈现让人印象深刻。

Artlantis 是一个渲染器，而渲染器是不能建模的，只能将其他软件建立的模型导入其中。目前，Artlantis 可以导入 Sketch Up、3DS Max 和 ArchiCAD 等软件制作的模型，尤其适合于 Sketch Up，所以 Artlantis 也被称为 "Sketch Up 的渲染伴侣"（图 1-19、图 1-20）。

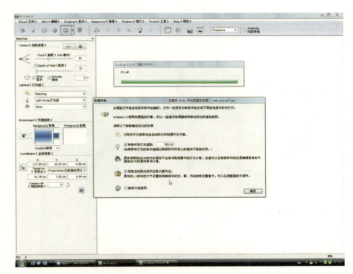

图 1-19　Artlantis 操作界面

图 1-20　Artlantis 效果图

1.3.3 景观设计效果图的制作流程

在制作效果图的过程中,计算机软件只起到工具作用,如何使用这个工具进行创作,表达自己的艺术概念,完全取决于创作者自身,因此,效果图的制作没有一个固定的、必须的先后步骤,只是在使用电脑软件制作效果图时有一个相对科学的流程,这就是平常所说的先绘制平面图、再创建模、赋予材质、设置灯光、渲染输出,最后进行后期效果的处理。

本书主要运用 Auto CAD、Sketch Up、3DS Max/VRay、PhotoshopCS 这几大软件的综合运用,完成景观效果图的制作。

1. 利用 CAD 绘制平面图

在制作效果图之前,首先需要根据项目需求绘制项目的施工总平面图。施工总平面图是用来规划和指导现场施工的总体布置图。施工总平面图中应该标明景观区域的现状及规划范围,各种设计要素(如建筑、道路、园林植物等)之间的平面关系和它们的准确位置、尺寸、外轮廓及标高,为后期建模提供依据(图1-21)。

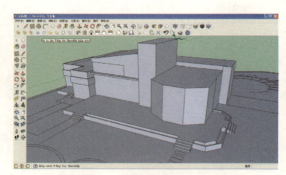

图 1-22　利用 Sketch Up 绘制建筑模块

调整,设置合适的灯光。为了更好地表达场景的氛围,这时需要调整 VRay 插件的渲染参数,对图片进行进一步的渲染,如图 1-23 所示。

图 1-23　3DS Max/VRay 渲染

4. 后期处理

渲染输出的图片还有很多的不足,为了弥补这些不足,需要进行后期处理,同时,由于很多效果在 3DS Max/VRay 中没有办法做出来,而在 Photoshop CS 中却可以很容易就制作出来。因此,为了提高工作效率,通常选择在后期制作(图1-24)。

图 1-21　CAD 绘制平面图

2. Sketch Up 建模

建模就是制作一个场景,对其进行模型构建,是效果图制作的基础,后面的操作都是基于模型进行再创作的。在实际工作中,比较常用的建模有两种,即根据 CAD 图纸建模(本书便是采用 CAD 建模)和根据图片建模,Sketch Up 的建模主要是根据 CAD 的平面图,结合软件中的拉伸命令进行模块的建立(图1-22)。

3. 3DS Max/VRay 渲染

利用 Sketch Up 建模后,需要将图片进行渲染输出。在这一环节中主要借助于 3DS Max 对已建模型的材质进行

图 1-24　效果图后期处理

第2章　工作室教学第一单元——别墅庭院景观规划绘制项目

2.1　别墅庭院景观规划绘制项目

别墅庭院设计是景观设计中非常重要的一个组成部分，本章就以独立式住宅的庭院设计项目为例，详细地介绍别墅庭院景观效果图的绘制方法和过程，以及设计中应该考虑和解决的问题，并应用设计软件展现其设计方案。

2.1.1　项目设计过程

1. 项目调研

该项目别墅位于城市南郊，风景优美，东西两面分别为另一户别墅。别墅所处地形为高低起伏的微坡地，结合地形，景观布置有层次变化，而房屋建筑位于较高点，户主在不同房间内可以观赏到不同远近的景观。该项目在设计上力求将庭院营造为集观赏、休闲、娱乐、运动等多项功能于一体的场所空间，体现出别墅特色，为户主提供优质的时尚生活。

2. 与客户沟通

与客户沟通有两方面的目的。一方面，通过与客户沟通，设计师可以初步了解客户的基本情况和基本要求；另一方面，通过沟通使客户充分了解设计师的设计水平，并通过沟通建立一个良好的合作开端。本项目的客户基本情况如表2-1所示：

客户基本情况　　表2-1

家庭结构及背景	一对青年夫妇、两个孩子和一只狗
家庭性格类型	开朗外向
家庭生活方式	喜欢交友和娱乐
家庭经济条件	富裕
客户基本要求	庭院设计要满足休闲与娱乐的功能，有儿童的活动空间等

3. 接受任务书

经过设计师与客户的沟通，客户对设计师给予了充分的信任，与设计师确定合作关系，并向设计师递交设计任务书及住宅场地的相关图纸资料。

4. 现场调查分析

设计师接受设计任务后，要对庭院进行现场踏查和实地测量，认真观察庭院周围环境与庭院自身情况（如小区的整体环境、室内外装修的风格、庭院面积、庭院朝向、庭院土壤的情况、地下水及电管网的位置等情况）。

2.1.2　项目构思

设计师通过前期资料的收集，获得详细资料，进入设计构思阶段。设计构思要解决的问题主要包括确定庭院的功能；根据情况对别墅庭院进行合理分区；根据地形和小气候合理安排植物，使别墅庭院的设计既要与整体环境协调，又要与室内外装修风格相配。

1. 设计主题与功能分析

自然是人类赖以生存的需要，是人们心灵的归宿，给人以家的温馨舒适感。该别墅的庭院设计以"自然"为主题，结合现代设计的表现手法，体现不同风味的景观，营造出自然、舒适的空间。

现代家庭生活，人们已不满足只过室内生活，同时也希望把生活领域向室外拓展，渴望拥有一个完美的室外生活空间。根据"以人为本"的原则，该庭院设计结合屋主的需求，布置了相应的适宜于观赏、休闲、游玩、运动等景观的场所及设施，不仅丰富了家庭活动，同时提供了一个适宜的社交场所。

2. 景观设计

根据"因地制宜"的原则，该别墅院造景具有现代自然的独特立意，追求"宛自天开"的意境，并满足户主赏景、休息、运动、交流的需要，使人在其中自由活动，得到身心的放松。景观布置动静结合，因为该庭院面积相对较大，则以"动观"为主、"静观"为辅，采用了借景、障景、添景等手法，使庭院景观更加丰富、更有观赏价值。空间开合有序，宜透则透，宜闭则闭，视线相对通透，并以适量的色叶植物、花灌木的搭配，形成了"步移景异"的景观。

3. 绿植设计

植物造景突出群体美、力促植物景观与建筑景观等周围环境有机统一，并结合"适地适树"原则，合理地选择植物的种植。乔木、灌木、地被植物合理搭配，富有层次变化。色彩设计上，以绿色为主，结合彩色树种，观花植物点缀其中，植物季相变化协调体现，形成丰富的植物景观。

2.1.3 项目设计
1. 草图方案设计
设计师经过设计构思后，利用草图把头脑中形成的模糊概念整理并表现出来。通常以手绘的形式绘制草图方案。草图方案包括平面图、总体及局部效果图等（图2-1～图2-3）。

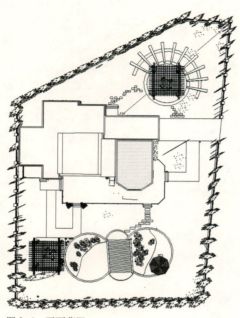

图2-1 平面草图

图2-2 庭院总体效果草图

图2-3 庭院局部效果草图

2. 施工图设计
设计师经过设计构思后，根据设计原则与构思为所进行的方案绘制施工图（图2-4）。

图2-4 别墅庭院施工总平面图

2.2 绘制别墅庭院景观效果图

2.2.1 整理CAD平面
在开始创建模型之前，需要整理CAD绘制的平面图并把平面图导入到Sketch Up软件中。

首先打开"庭院.dwg"文件，如图2-5所示。

图2-5 CAD平面图

平面图中，有许多关于周边环境的内容，这些内容对于目前的建模过程来说，使用价值不大。因此，可以适当删除描绘周边环境的线条，留下周边建筑和道路的轮廓线即可。另外，在Sketch Up的建模过程中，主要是对景观中的硬质景观进行塑造，而在植物应用上主要是在后期通过添加组件来完成，所以在平面图中的植物部分可以不用导入。最后，将整理好的CAD文件保存。

①在清理CAD图之前需要备份一份原始的CAD图。

②清理图形，删掉重复的线，删掉所有配景块，将所有线形、线宽改回默认值。删除或隐藏标注、文字、辅助线等Sketch Up中不用的实体。

③在CAD中输入【PU】清理命令，勾选【确认要清理每个项目】和【清理嵌套项目】，然后点击【全部清理】按钮清理掉多余图层、块等项目。

有时一次清理得不够彻底，继续点击【全部清理】一直清理到按钮变灰，不能再清理为止（图2-6）。

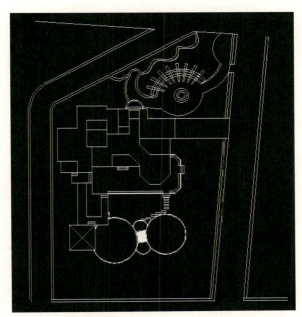

图2-6 整理后的平面图

2.2.2 导入CAD施工图平面

Sketch Up软件操作比较简单，在很多情况下，大家可以一边制作模型，一边推敲方案。不过，Sketch Up在处理和编辑曲线方面做得并不是那么尽如人意，所以在应用到曲线的方案中，大多还是会先手绘草图，然后到CAD中描图，最后才将平面图导入Sketch Up开始制作模型。

由于Sketch Up与CAD的兼容性并不是很强，并且在描CAD图的过程中不见得每根线条都非常的准确，所以很多线条不能很完美合理地合成面。因此，在制作模型之前，是从CAD中导入平面，还是在Sketch Up中从零开始，选择过程是非常重要的。

在这个方案中，我们将已经绘制好的别墅平面图直接导入到Sketch Up中。

（1）在Sketch Up中【文件＞导入】出现对话框。在【文件类型】中选择【ACAD Files……】，之后在空白区域就可以看到dwg或者dxf格式的文件（图2-7，图2-8）。

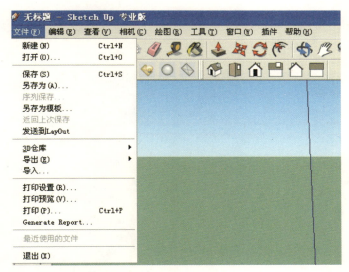

图2-7 【文件＞导入】对话框

图2-8 选择【文件类型】对话框

（2）单击右侧【选项】弹出导入选项对话框。【几何体】中【合并共面】这一项的意思是让Sketch Up自动删除在平面上生成的多余的三角形划分线。【面的方向保持一致】这一项的意思是将Sketch Up中所有导入之后自动生成的面全部朝上，并将这些面的法线方向统一。【单位】保持与 dwg 文件相同。选项设置好之后，找到文件，双击或者【打开】即可导入 Sketch Up 文件（图 2-9，图 2-10）。

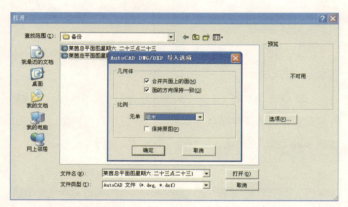

图 2-9　【选项】对话框

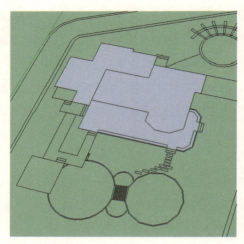

图 2-11　建筑封面

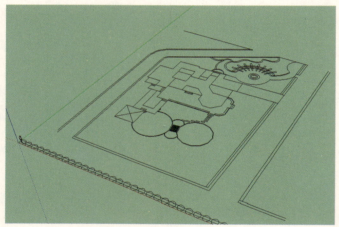

图 2-10　导入到 Sketch Up 中的平面图

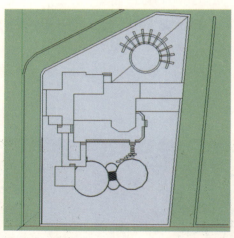

图 2-12　封面完成

2.2.3　生成 Sketch Up 平面图

导入 CAD 图形后，就要开始生成 Sketch Up 平面图，也叫作封面处理或描图。这是一项必须具备细心与耐心的工作，因为它将直接影响到模型的精度。

对于封面的处理，通常我们较常采用工具栏中的【线】按钮，对导入的 CAD 平面图进行重新描绘以完成图形的封面。但是，这种方式运用起来比较费力，需要很大的耐心。此外，也可以利用一些 Sketch Up 的生成面插件来完成封面（图 2-11，图 2-12）。

1. 创建建筑物

设计内容包括对建筑体的建造和装饰。此设计方案为：建筑体的外墙装饰以防水木和石料为主，与大面积的玻璃相结合，目的是在体现自然的同时，不失简洁、大方。

1）创建别墅建筑结构

（1）单击【等角透视】按钮，把视图窗口切换到等角透视，然后单击【推拉】按钮，把光标置于住宅建筑表面，按住鼠标左键，推出建筑物的一层高度，在【数值输入栏】中输入数值 4480mm，按【Enter】键确定高度（图 2-13）。

（2）运用【推拉】工具创建过道和台阶高度。创建过道高度时，在【数值输入栏】中输入 480mm。创建台阶高度时，在【数值输入栏】中输入 120mm（图 2-14）。

（3）根据住宅建筑的实际尺寸，运用【推拉】工具、【线】工具及【删除】工具，创建完成别墅建筑结构，效果如图 2-15 所示。

2）创建门和窗子

我们在这里介绍两种方法来绘制门和窗。

第一种，主要借助【测量辅助线】【直线】和【组件】命令，来创建门、窗。

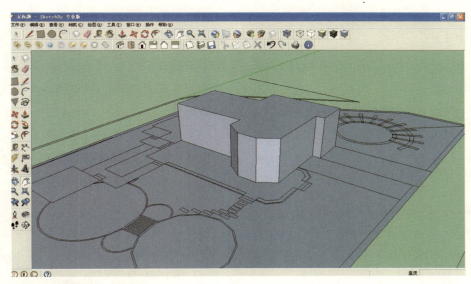

图 2-13　创建建筑物一层高度

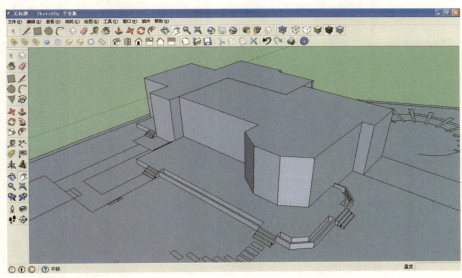

图 2-14　创建过道及台阶高度

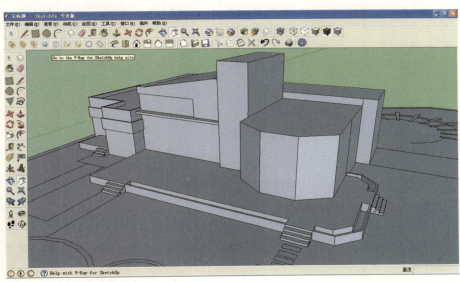

图 2-15　别墅建筑的结构效果

(1)单击工具栏中的【测量辅助线】按钮,在墙体上沿轴线创建门框(主入口高为2000mm,宽为1100mm)和窗框(高为2300mm,宽为5400mm)的辅助线,门与窗的间距为500mm,如图2-16、图2-17所示。

(2)单击【线】按钮,沿辅助线绘制出门、窗外框,用【删除】工具删除辅助线。门、窗外框效果如图2-18所示。

(3)创建门
①创建门框。

单击工具栏中的【选择】按钮,然后单击门面。在快捷方式栏中单击【复制】按钮,对门面进行复制。再单击【粘贴】按钮,移动鼠标到视图窗口,复制的门面跟随光标移动,在建筑物附近单击鼠标左键,确定门面位置,如图2-19所示。

单击工具栏中的【推拉】按钮,将门面推拉出150mm的厚度。然后单击【测量辅助线】按钮,创建门内框辅助线,输入数值50mm,再单击【线】按钮,绘制内门框,

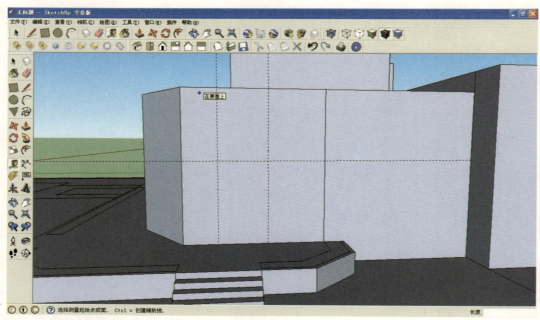

图2-16 主入口门辅助线

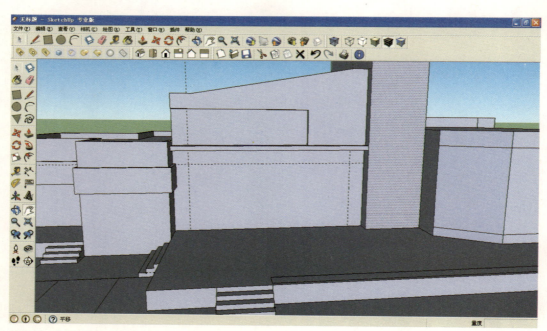

图2-17 窗辅助线

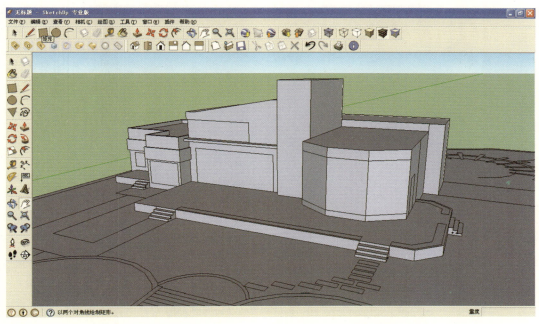

图 2-18 门、窗外框效果

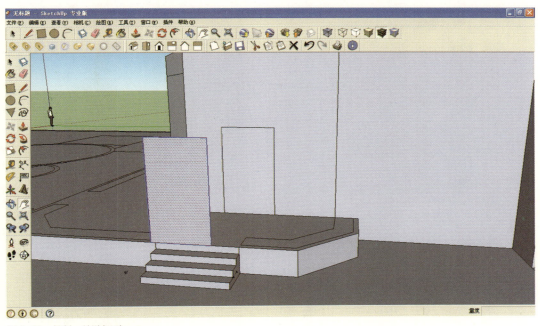

图 2-19 复制、粘贴门面

如图 2-20 所示。

单击工具栏【推拉】按钮，推出门面，再单击【选择】按钮，框选门框，然后单击门框，在弹出的快捷菜单中选择【创建群组】命令（图 2-21）。

②创建门体。

单击工具栏中的【矩形】按钮，创建一个高 1850mm，宽 1100mm 的矩形。然后单击【推拉】按钮，推出 40mm

的厚度，如图 2-22 所示。

单击工具栏中的【测量辅助线】按钮，创建门体上的装饰框辅助线，如图 2-23 所示。

单击工具栏中的【线】按钮，沿着门体上的辅助线绘制门体装饰，然后单击【删除】按钮，删除辅助线，如图 2-24 所示。

单击工具栏中【推拉】按钮，推拉出装饰框厚度，在【数

图 2-20　绘制门内框

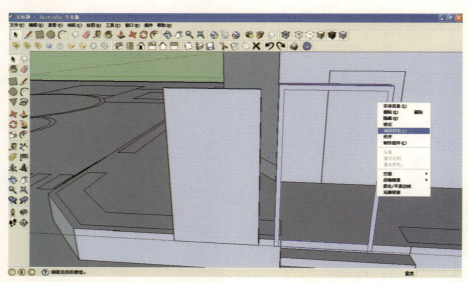

图 2-21　创建群组

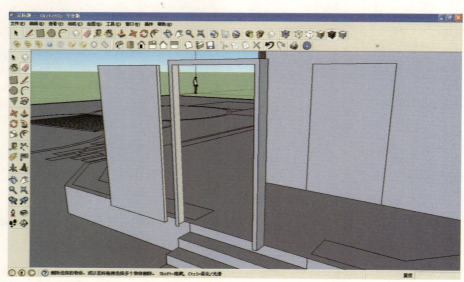

图 2-22　创建门体厚度

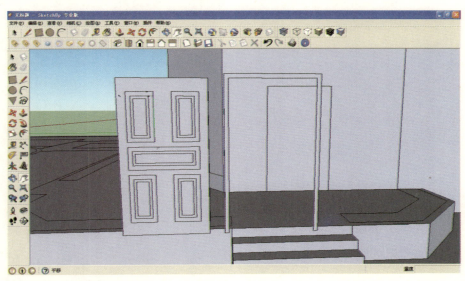

图 2-23 创建门体装饰辅助线

图 2-24 绘制门体装饰

【值输入框】中输入数值 10mm，然后【Enter】确认，如图 2-25 所示。

单击工具栏中的【选择】按钮，框选门体，然后右键点击门体，在弹出的快捷菜单中选择【创建群组】命令，如图 2-26 所示。

单击工具栏中【移动复制】按钮，选择门体的一个角作为"端点"，移动门体入框。单击工具栏中的【移动复制】按钮，把创建好的门移动到住宅建筑中，如图 2-27 所示。

第二种方法，我们这次利用系统自带组件的方式创建窗子。

（4）创建窗子

①单击工具栏中的【选择】按钮，再选择窗子所在范围的边线，使边线变成蓝色，然后右击蓝线，在弹出的快捷菜单中选择【等分】命令，在【数值输入栏】中输入分段数3，按【Enter】键确定，如图 2-28 所示。

②单击工具栏【线】按钮，根据分段线沿轴线绘制直线，分隔窗子，如图 2-29 所示。

③执行【窗口】中【组件】命令，弹出【组件】对话框，在对话框中按【选择】选项，在【选择】选项的下拉列表中选择所需的窗子模型，如图 2-30 所示。

④在【组件】对话框中单击所选的窗子模型，拖动鼠标，将窗子模型插入窗格中，如图 2-31 所示。

⑤单击工具栏中【缩放】按钮，把窗子模型缩放至窗格大小，如图 2-32 所示。

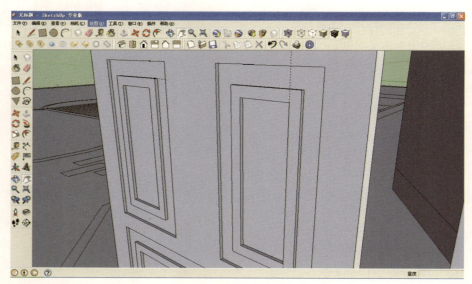

图 2-25 创建装饰框厚度

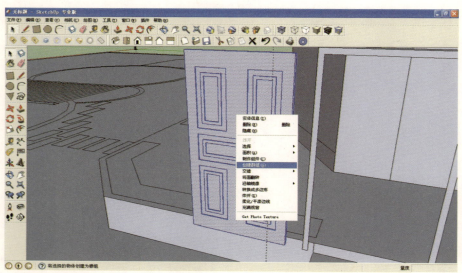

图 2-26 创建群组

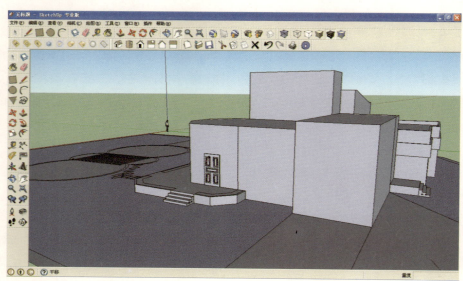

图 2-27 组合门体

图 2-28 等分线段

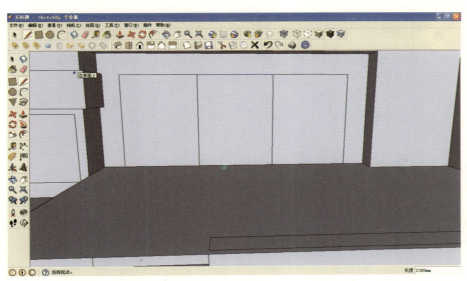

图 2-29 分隔窗子

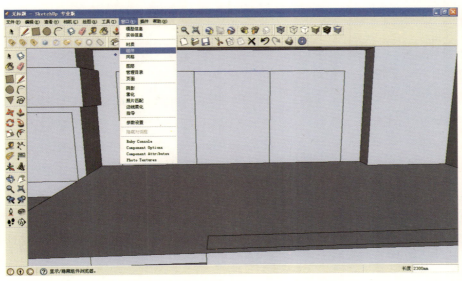

图 2-30 选择窗子模型

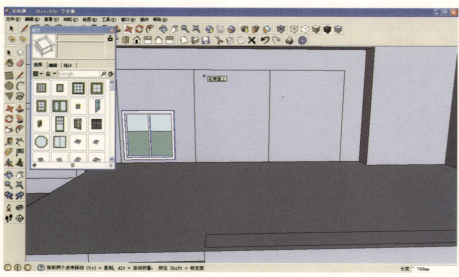

图 2-31 插入窗子模型

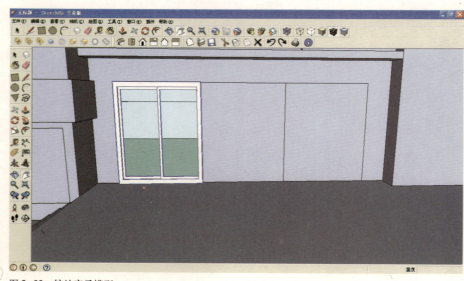

图 2-32 缩放窗子模型

⑥单击工具栏中【移动／复制】按钮，然后单击窗子模型左下角外侧的一个端点，再按住【Ctrl】键的同时沿轴线拖动鼠标，将复制的窗子沿轴线排列。在【数值输入栏】中输入复制数值，按【Enter】键确定，完成窗子的多重复制，如图2-33所示。

⑦以同样的方法完成其他窗的创建，结果如图2-34所示。

2. 附属建筑设施的创建

设计内容包括对建筑体台阶、围栏的创建及别墅庭院围墙的创建。

1）创建台阶围栏

（1）执行【窗口】组件命令，在弹出的对话框中选择一个栏杆模型，拖移到庭院的边线上，如图2-35所示。

（2）单击工具栏中的【选择】按钮，再选择过廊所在范围的边线，使边线变成蓝色，然后右击蓝线，在弹出的快捷菜单中选择【等分】命令，在【数值输入栏】中输入分段数5，按【Enter】键确定，如图2-36所示。

（3）单击工具栏【线】按钮，根据分段线沿轴线绘制垂直直线、围栏边线，以确定栏柱的位置，如图2-37所示。

（4）利用【移动复制】按钮，复制围栏，将其放置在围栏边线分段处。利用【删除】按钮，删除垂直辅助线（图2-38）。

（5）利用以上方法为建筑添加其他围栏栏柱（图2-39）。

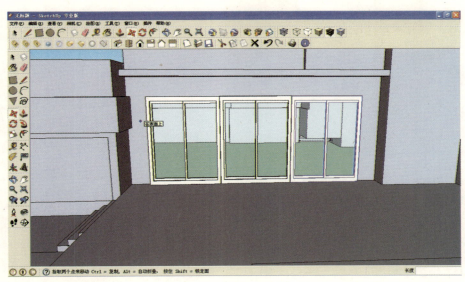

图 2-33 多重复制窗子

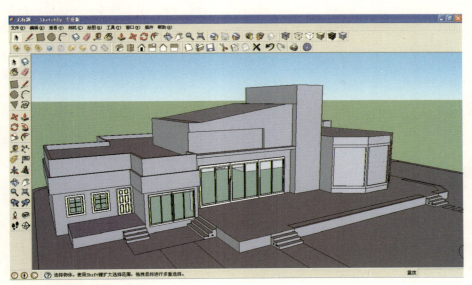

图 2-34 其他门窗的创建

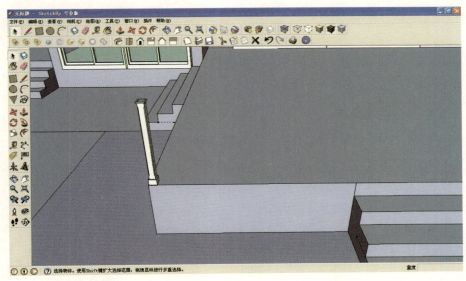

图 2-35 插入围栏组件

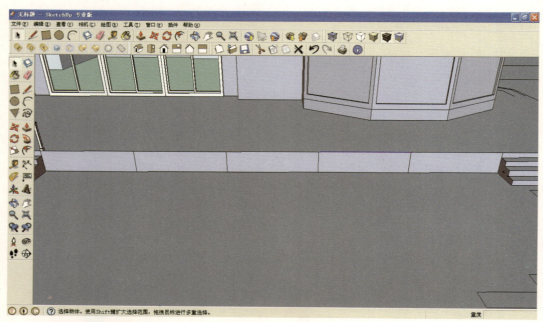

图 2-36 等分围栏边线

图 2-37 确定栏柱分段位置

(6) 执行【窗口】组件命令,在弹出的对话框中选择一个围栏模型,拖移到庭院的边线上(图 2-40)。

2) 创建围墙

执行【窗口】组件命令,在弹出的对话框中选择一个围墙模型,拖移到庭院的边线上(图 2-41)。

3. 路面、水池和草坪的创建

设计内容包括对庭院路面、水池及草坪的创建。此设计方案为:路面采用沥青与石材相结合的方式,延伸至庭院入口,避免让人有戛然而止的视觉感受;把水池设计成圆形,并利用不规则的曲线划分水面,使其与草坪、踏步和建筑自然融合;同时庭院中保留大面积草坪,以满足休憩和娱乐的需求。

1) 创建路面

(1) 单击工具栏中【推拉】 按钮,创建庭院中汀步的高度,在【数值输入栏】中输入数值 mm(图 2-42)。

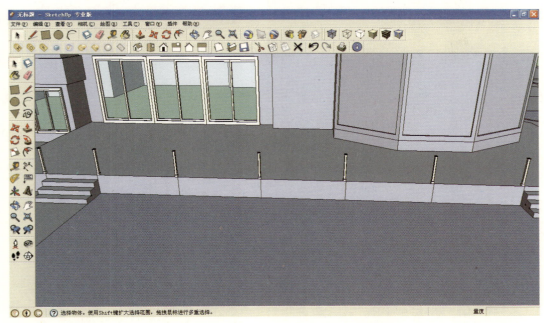

图 2-38 复制围栏栏柱

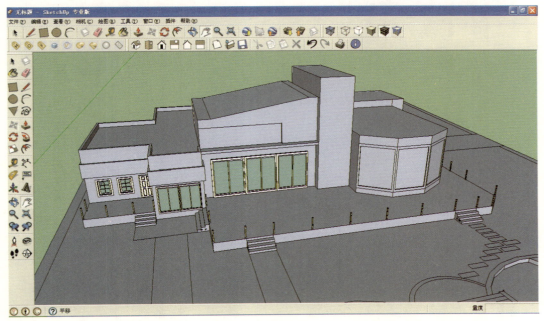

图 2-39 完成效果

(2) 单击工具栏中【矩形】■按钮，在庭院中绘制毛石路面（图 2-43）。

2）创建水池

(1) 单击【徒手画笔】⌇按钮，在水池的水面绘制两条曲线，以分隔水池水面（图 2-44）。

(2) 单击【推拉】按钮 ⬆，将左侧池面向下推拉 150mm，将右侧池面向下推拉 200mm（图 2-45）。

3）创建草坪

单击【直线】✎、【矩形】■、【偏移复制】⌇、【推拉】⬆等按钮，绘制花池，如图 2-46 所示。

4. 创建庭院景观

设计内容包括对庭院景观小品的创建。在庭院中合理配置景观，可让场景效果变得生动。

(1) 单击【推拉】工具 ⬆ 按钮，将小品向上推拉

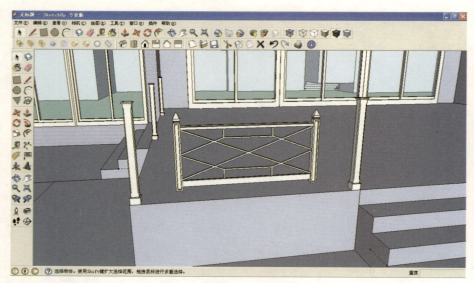
(a) 插入围栏组件

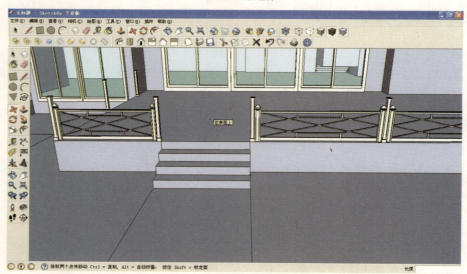
(b) 复制围栏

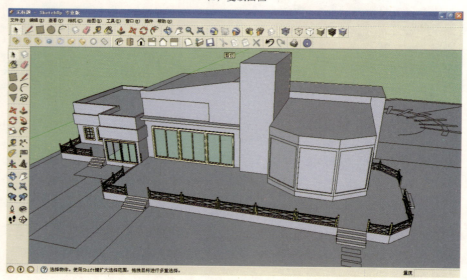
(c) 完成效果

图 2-40　创建围栏图组

第2章 工作室教学第一单元——别墅庭院景观规划绘制项目

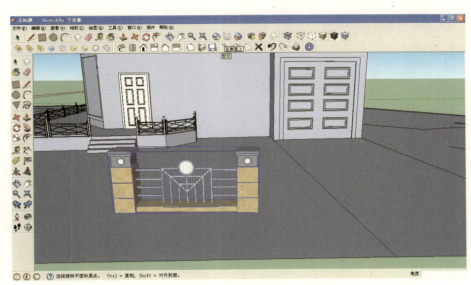

(a) 插入围墙组件

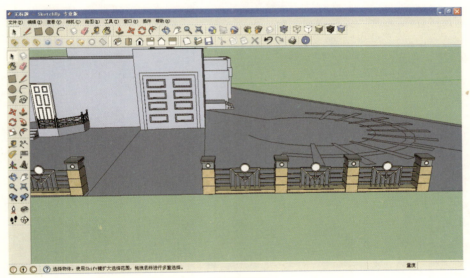

(b) 复制围墙

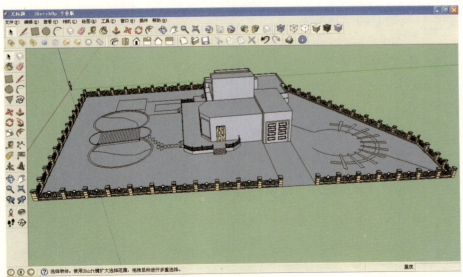

(c) 完成效果

图 2-41 创建围墙图组

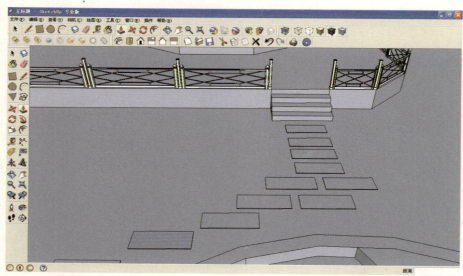

图 2-42 创建汀步高度

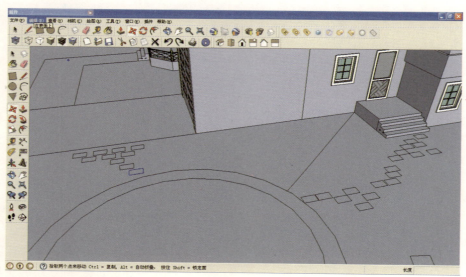

图 2-43 创建毛石路面

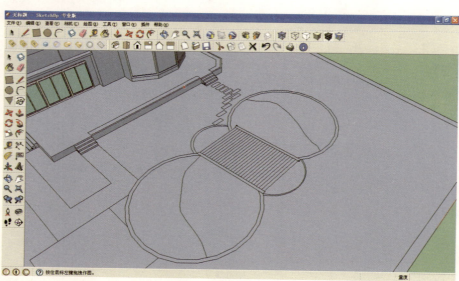

图 2-44 分隔水池水面

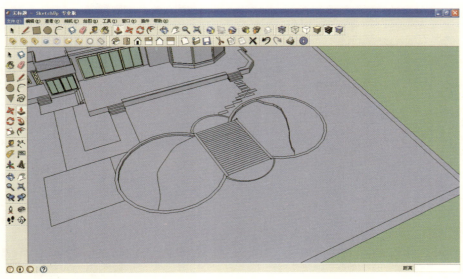

图 2-45 推拉水池深度

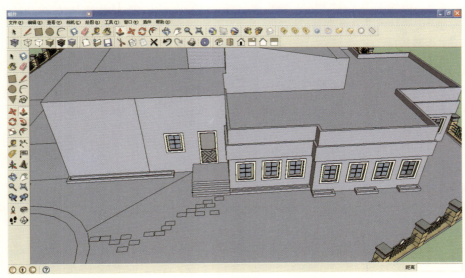

图 2-46 花池图

200mm，如图 2-47 所示。

（2）执行【窗口】组件命令，在弹出的对话框中选择景观小品，拖移到庭院中。

2.2.4 利用 Sketch Up 渲染别墅庭院景观

1. 赋予材质

1）为别墅外墙贴材质

此设计方案为：建筑体的外墙装饰以防水木和石料为主，与大面积的玻璃相结合，目的是在体现自然的同时，不失简洁、大方。

（1）单击工具栏中的【材质】按钮，在弹出的【材质】对话框中点击【选择】选项，在其下拉列表中选择所需材质，在需要张贴材质的地方单击鼠标左键，完成材质的粘贴（图2-48）。

（2）在【材质】对话框中选择【编辑】选项，根据需要对所选材质进行编辑，修改材质的颜色、尺寸及透明度（图2-49）。

（3）在【材质】对话框中的【编辑】选项中，单击【贴图】选项中的【文件】按钮，可在其他文件中选择更多的贴图（图2-50）。

（4）重复上述方法完成别墅庭院建筑的外部铺装，铺装效果如图 2-51 所示。

2）为庭院贴材质

庭院设计时，要加强节能、环保意识，除了考虑各造景

(a)

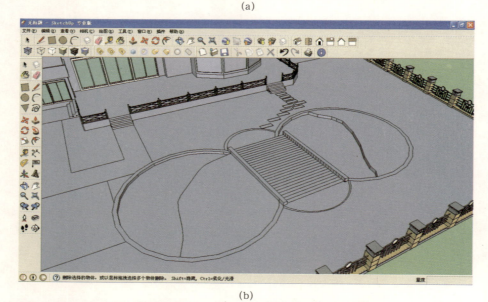

(b)

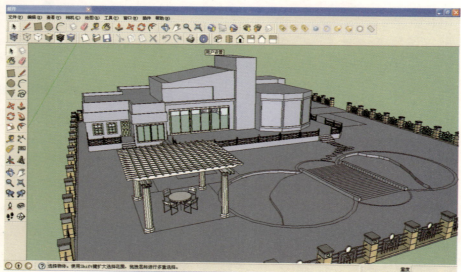

(c)

图 2-47 景观小品组图

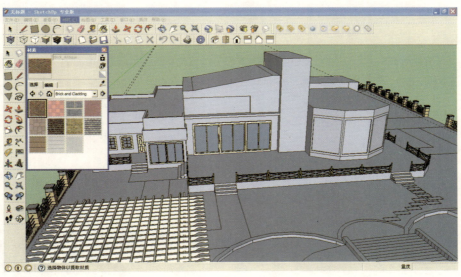

(a)

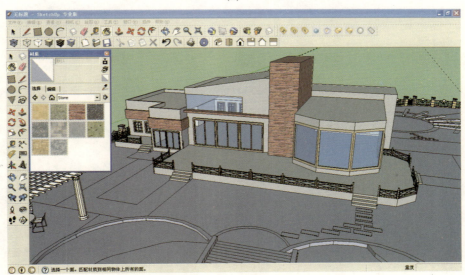

(b)

图 2-48 贴材质

图 2-49 编辑材质

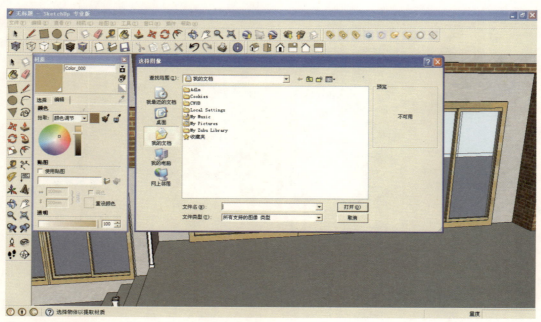

图 2-50 添加贴图

图 2-51 别墅外部铺装效果

元素的形态变化外,还要考虑到庭院各部位的使用功能,使两者有机结合;为了让庭院与建筑风格相匹配,可以重复使用相同的主题材质,通过材质间的相互渗透,使建筑物很好地融入庭院。

(1) 路面铺装。单击【材质】 按钮,在弹出的【材质】对话框中单击【提取材质】 按钮,再单击建筑墙体,提取材质,然后单击路面,完成路面材质的铺装(图 2-52)。

(2) 水池材质铺设。单击【材质】 按钮,在弹出的【材质】对话框中单击【提取材质】 按钮,再单击建筑墙体,提取材质,然后单击水池,完成水池材质的铺装(图 2-53)。

(3) 草坪铺装。单击【材质】 按钮,在弹出的【材质】对话框中选择【植被】附以地面草坪范围,然后选择【编辑】选项,对材质进行编辑,调整颜色及长宽比(图 2-54)。

3) 为庭院景观贴材质

图 2-52 铺设路面

图 2-53 水池铺设材质

（1）凉亭铺装。单击【材质】 按钮，在弹出的【材质】对话框中选择所需材质，附以凉亭及休闲椅，然后选择【编辑】选项，对材质进行编辑，调整颜色及长宽比（图2-55）。

（2）景观广场铺装。单击【材质】 按钮，在弹出的【材质】对话框中选择所需材质，附以景观广场，然后选择【编辑】选项，对材质进行编辑，调整颜色及长宽比（图2-56）。

本节的模型建立以及材质的赋予，总体来说并不是很复杂，但是需要读者多加练习，以提高在实际应用中的建模速度。

2. 添加植物

根据方案的规划，需要在别墅庭院的周围和院中添加一定的树木和绿植，以营造出贴近自然的庭院景观。

在这一节中我们主要采用添加外部组件的方式，为庭院添加上树木与绿植。

1）添加乔木

(a)

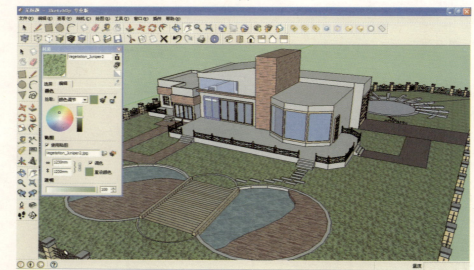

(b)

图 2-54 铺设草坪

图 2-55 凉亭铺装

（1）单击工具栏中【窗口】选项，选择【组件】，在【组件】对话框中单击所选的树木模型，拖动鼠标，将树木模型插入图形中（图2-57）。

（2）单击工具栏中【缩放】按钮，把树木模型缩放至合适大小并将其放置在庭院中合适位置（图2-58）。

（3）单击树木组件，单击工具栏中【移动复制】按钮，

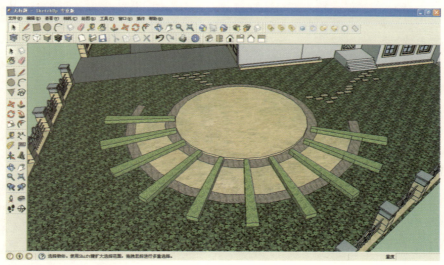

图2-56 景观广场铺装

图2-57 选择乔木组件

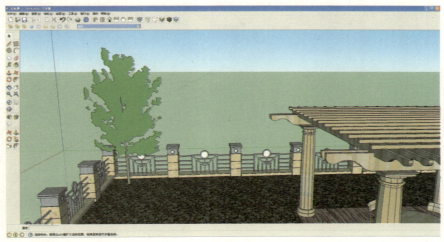

图2-58 放置乔木组件

将树木组件进行复制排列（图2-59）。

2）添加景观植物

在庭院中，除了大型的树木之外，还设有一定数量的景观类植物，主要是为了丰富庭院的景观，使庭院中的植物层次更丰富。

图2-59 排列乔木组件

(a)

(b)

图2-60 添加景观植物组图

(c)

(d)

图 2-60　添加景观植物组图（续）

3. 添加景观小品

(a)

图 2-61　添加景观小品组图

(b)

图 2-61　添加景观小品组图（续）

4. 增加阴影

场景创建已经基本完成，需要进行阴影及光线的调整以丰富画面效果，然后再进行效果图的输出。

（1）单击菜单栏中【窗口】选项，点击【阴影】命令，在弹出的【阴影设置】对话框中选中【启动光影】复选框，然后进行相应的时间与日期调整，如图 2-62 所示。

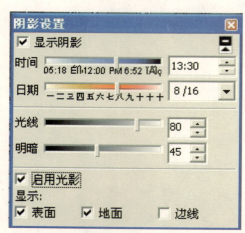

图 2-62　阴影设置对话框

（2）单击菜单栏中【窗口】选项，点击【场景信息】命令，在弹出的【场景信息】对话框中选择【位置】选项，在右侧的窗口选择相应的地理位置，调整太阳正北角度（图 2-63）。

5. 设置天空与背景

（1）单击菜单栏中【窗口】选项，点击【风格】命令，在弹出的【风格】对话框中选择【编辑】选项卡，在【背景】栏中选中【天空】复选框，并调整天空的颜色为浅蓝色（图 2-64）。

（2）调整并优化视角，达到最佳的观察方式（图 2-65）。

图 2-63　调整位置

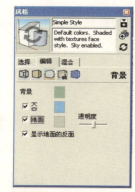

图 2-64　调整天空颜色

6. 导出效果图

（1）单击【文件】菜单栏中【导出】选项，点击【图像】命令，弹出【导出二维图形】对话框（图 2-66）。

（2）在【导出二维图形】对话框中选择【文件类型】为"JPEG Image（*.jpg）"，单击【选项】按钮，弹出【JPG 导出选项】对话框。在【宽度】与【高】文本框中输入需要输出的分辨率的值，单击【确定】按钮，完成 JPG 导出设置（图 2-67）。

（3）在【导出二维图形】对话框中指定图片保存位置，输入导出图像的名称，单击【导出】按钮，导出图像（图 2-68）。

图 2-65 完成效果

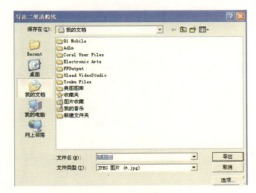

图 2-66 【导出二维图形】对话框

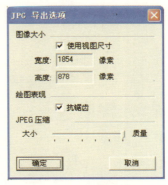

图 2-67 【JPG 导出选项】对话框

图 2-68 导出完成图

2.2.5 利用 Photoshop CS 进行后期制作

后期制作的基本思路是先整体调整，再局部细节调整，最后再回到整体进行调整。

对于本案例来说，先要初步调整整体画面的亮度、替换原渲染的天空背景，初步调整后再添加其他素材进行调整，最后调整局部不合适的地方，强化场景的氛围，完善场景。

后期制作中，添加素材的方法是先整体后局部，首先添加占有大面积的地面部分素材，然后再添加局部的配镜素材，在添加局部素材的同时调整场景其他部分的效果。

1. 调整大关系

添加素材丰富场景之前，可以先进行大关系的调整，以便适时调整将要添加到场景中的植物素材。在这里，我们将主要针对背景天空以及别墅建筑的主体进行调整。

1）调整亮度

（1）单击【文件】打开"别墅庭院"文件。

（2）在右侧的【图层菜单】中右键单击"背景"，选择【复制图层】，对"背景"进行复制，如图 2-69 所示。

（3）按【Ctrl+L】键，打开【色阶】对话框，调整【色阶】参数，如图 2-70 所示。

（4）打开【图像】菜单栏，点击【调整】选项，调整【亮度／对比度】参数（图 2-71）。

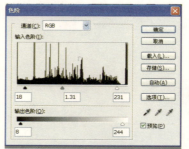

图 2-70 调整【色阶】参数　　图 2-71 调整【亮度／对比度】参数

（5）调整后的效果，如图 2-72 所示。

2）替换天空背景

原渲染图片的天空效果不够真实，需要替换。

（1）选择【魔棒工具】 设置【容差】为 60，取消【连续】选项勾选，如图 2-73 所示。

（2）使用【魔棒工具】 按钮，选择庭院天空部分。按住【Alt】键使用【矩形选框工具】 按钮，将多余选区修剪掉。按【Delete】键删除，按【Ctrl+D】键取消选择，如

(a)　　(b)　　(c)

图 2-69　生成【背景副本】图层

图 2-73　设置魔棒工具参数

图 2-72　调整后效果

图 2-74 所示。

（3）在素材库中找到天空素材，使用【矩形选框工具】按钮选取适合的区域，用【移动工具】按钮移动到场景中，如图 2-75 所示。

（4）按【Ctrl+T】键【变换】命令，根据庭院天空面积调整大小，按【Enter】键确认变换大小，如图 2-76 所示。

图 2-74　删除原渲染天空部分

图 2-75　选择天空素材

图 2-76　变换天空素材大小

（5）将天空素材置于【背景副本】图层的下一层，如图2-77所示。

2. 细部调整

1）玻璃调整

针对于别墅飘窗的玻璃效果进行完美化调整。

（1）选取适合的天空素材移动到场景中，如图2-78所示。

（2）根据别墅玻璃的实际面积调整大小，按【Enter】键确认变换大小，进行合理的剪裁，并且在图层中调整透明度，如图2-78（b）所示，从而达到预想效果。

2）树木调整

图2-77 放置天空素材

(a)

(b)

(c)

图2-78 调整玻璃效果组图

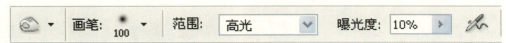

图 2-79　设置【加深工具】参数

图 2-80　调整树木效果

(1) 使用【加深工具】按钮，对需要调整的树木等物体进行暗调的推进，并且使用"["与"]"两个键盘按键进行画笔尺寸的调整，如图 2-79 所示。

(2) 调整后效果，如图 2-80 所示。

3．调节整体效果

(1) 为图像添加【滤镜】效果，调整图像的整体亮度与对比度，使图像中心更加的突出，如图 2-81 所示。

(2) 打开【图像】菜单栏，点击【调整】选项，调整【曲线】参数，如图 2-82 所示。

(3) 调整后效果，如图 2-83 所示。

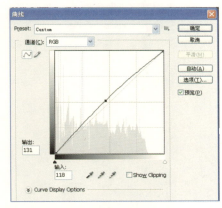

图 2-82　设置【曲线】参数

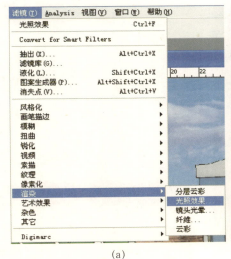

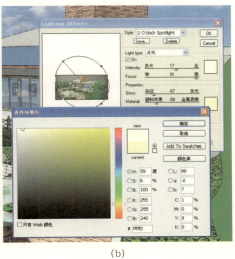

(a)　　　　　　　　　　　　(b)

图 2-81　添加【滤镜】效果

图 2-83 最终效果

第3章　工作室教学第二单元——城市广场绘制项目

3.1　城市广场绘制项目

本章将以城市休闲广场设计项目为例，介绍广场的设计方法和过程，并应用设计软件实现设计方案。本节介绍的重点是介绍广场的创建方法和过程，以及利用3DS Max/VRay渲染的操作及参数的设置。目的是使读者通过对本章案例的学习，掌握广场设计的方法、过程以及设计中应该考虑和解决的问题。

3.1.1　城市广场设计过程

城市广场设计过程主要包括设计师与客户的沟通、接受任务书、现场踏勘、设计构思和草图方案设计等几个阶段。

1. 与客户沟通

在与客户沟通过程中需要了解以下几个内容：广场的地址、面积、周边环境、人流交通及一些相关要求。通过了解而得到的本项目的基本情况，见表3-1所示。

城市广场的基本情况　　　　表3-1

广场地址	北方地区某城市城郊
占地面积	广场总占地平方米
周边环境	广场位于城市城郊，地势平坦，光照充足，水资源丰富
人流交通	该地段人流量大、紧靠城区，交通便利

2. 接受任务书

经过设计师与甲方沟通，甲方对设计师予以了充分的信任后，客户与设计师确定合作关系，并向设计师递交了设计任务书及规划场地的相关图纸资料。

3.1.2　项目构思

1. 现场勘查

设计师接受设计任务后，对选址区域进行了现场勘查和实地测量。进一步了解了选址区域周围环境及自身情况，如广场的地理位置、整体格局、气候、降水量、风向、日照、土壤等情况。

2. 设计构思

广场设计的基本原则是：尊重自然、强调生态；整体协调、突出个性；自然景观与人文景观的融合；注重保护，开发建设与保护规划并重。

城市休闲广场设计的基本思路是将人与自然环境融合起来，强调人与自然的和谐共生，即结合自然地形、生态环境等优势，突出自然生态主题，并以此为基础，丰富广场景观、加强空间景观的营造。

3.1.3　项目设计

1. 草图方案设计

根据构思绘制出草图，如图3-1所示。

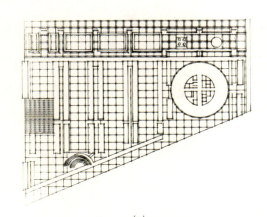

(a)

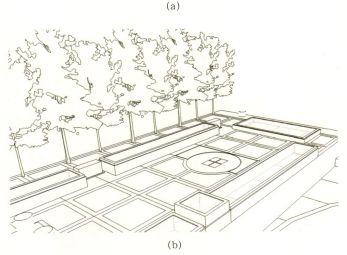

(b)

图3-1　城市广场草图组图

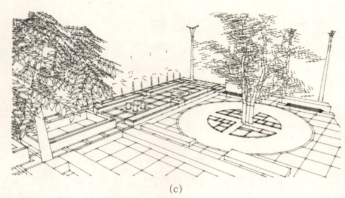

图 3-1　城市广场草图组图（续）

2. 施工图设计

根据设计原则与构思为所进行的方案绘制施工图，如图 3-2 所示。

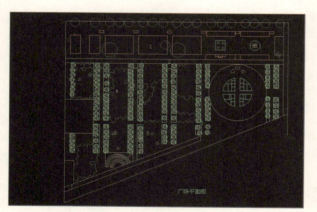

图 3-2　方案施工图

3.2　绘制城市广场景观效果图

3.2.1　在 CAD 中绘制平面图

1. 整理 CAD

（1）打开平面图文件，如图 3-3 所示。

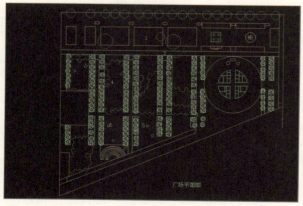

图 3-3　原始平面图

（2）清理图形。在 CAD 中输入【PU】清理命令，勾选【确认要清理每个项目】和【清理嵌套项目】，然后点击【全部清理】按钮清理掉多余图层、块等项目（图 3-4）。

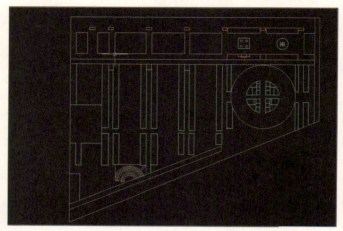

图 3-4　整理后的平面图

2. 将平面图导入 Sketch Up

（1）在 Sketch Up 中，单击【文件＞导入】出现对话框。选择我们刚刚整理好的平面图文件（图 3-5）。

图 3-5　选择导入文件

（2）单击右侧【选项】弹出导入选项对话框。【几何体】中【合并共面】这一项的意思是让 Sketch Up 自动删除在平面上生成的多余的三角形划分线。【面的方向保持一致】这一项的意思是将 Sketch Up 中所有导入之后自动生成的面全部朝上，并将这些面的法线方向统一。【单位】保持与 dwg 文件相同。选项设置好之后，找到文件，双击或者【打开】即可导入 Sketch Up 文件（图 3-6、图 3-7）。

图 3-6 设置导入参数

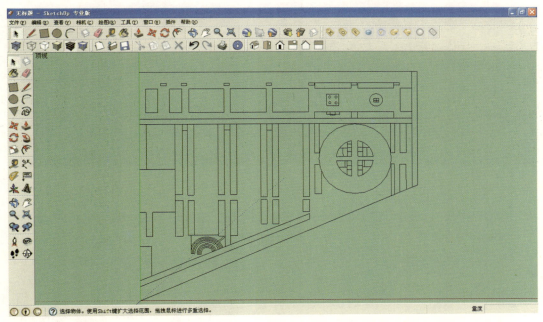

图 3-7 导入完成图

3.2.2 利用 Sketch Up 建模

1. 生成 Sketch Up 平面图

单击【线】按钮，完成 Sketch Up 平面图的封面（图 3-8）。

2. 建造水景区场地

水景区位于整体广场的上半部。地面采用石材拼花的处理（图 3-9）。

1) 制作水池

（1）选中水池，建立群组（图 3-10）。

（2）从 CAD 平面图中得知水池边宽度为 300mm。单击工具【偏移复制】按钮，将鼠标放在长方形水池上，确定选中边线，在【数值输入栏】中输入 300，按【Enter】键确定（图 3-11）。

（3）单击工具【推拉】按钮，将水池向上推拉，分别

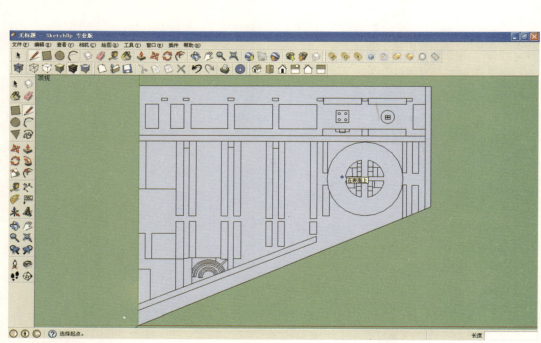

图 3-8 完成封面

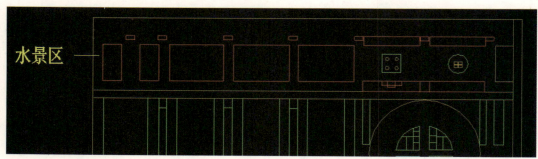

图 3-9 水景区域平面图

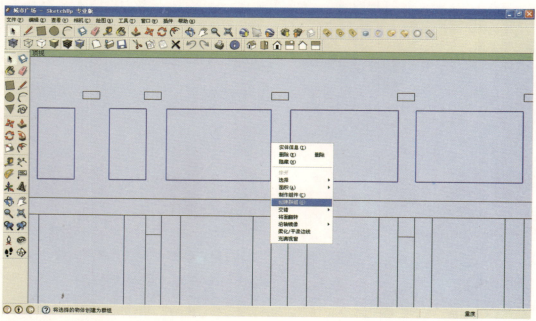

图 3-10 水池群组

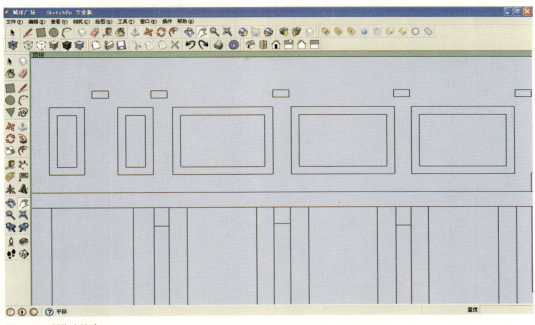

图 3-11 制作水池边

输入数值（700mm、500mm、300mm），如图 3-12 所示。

(4) 单击【选择】 按钮，选中水池底面，再单击【移动】 按钮，按住【Ctrl】键，将底面复制到原水平面位置，并将其群组（图 3-13）。

(5) 利用以上方法制作其他水池，如图 3-14 所示。

2) 创建地面

水景区地面采用石材与植被相拼的装饰方式，因此我们需要在水景区的地面上描绘出石材的网格，以方便后期贴材质。

(1) 单击视图工具栏中的【顶视图】 按钮，将视图转化为顶视图显示（图 3-15）。

(2) 单击【测量辅助线】 按钮，先绘制出地面网格辅助线（图 3-16）。

①首先在水景区的四条边线上分别向内绘制 100mm。

②利用【测量辅助线】绘制 1000×1000mm 的网格。

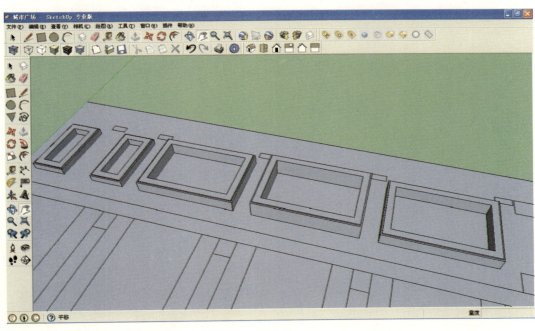

图 3-12 制作池壁

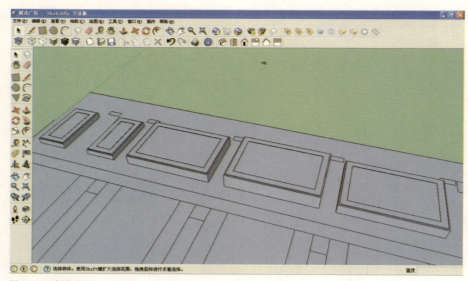

图 3-13　制作水面

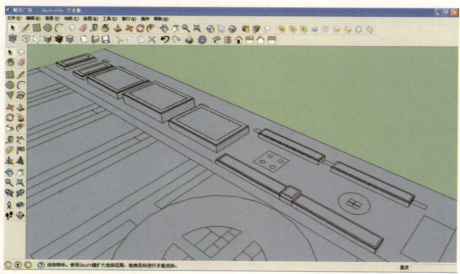

图 3-14　水景区水池

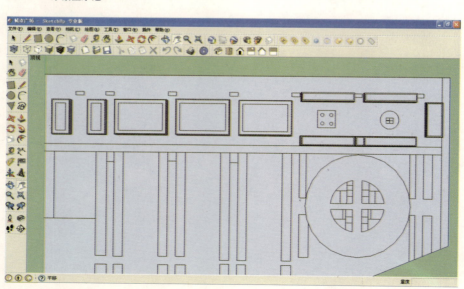

图 3-15　顶视图显示

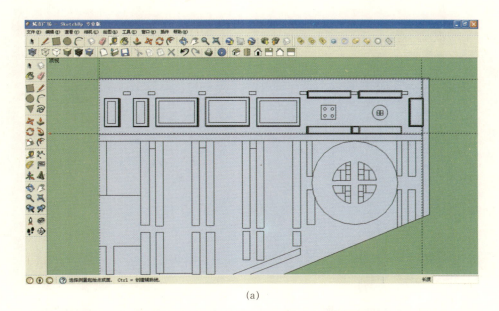

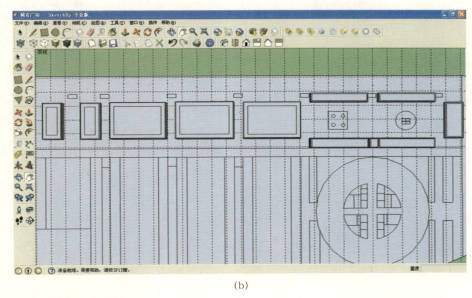

图3-16 地面辅助线组图

(3) 单击【线】 按钮，根据辅助线绘制出地面网格。单击【删除】 按钮，删除辅助线（图3-17）。

(4) 单击【偏移复制】 按钮，将已绘制好的网格向内【偏移复制】100mm（图3-18）。

3）创建绿植

(1) 单击单击视图工具栏中的【等角透视】 按钮，将视图转化为等角透视。

(2) 单击【偏移复制】 按钮，选择边线后向内偏移30mm（图3-19）。

(3) 单击【推拉】 按钮，将宽的条带拉高20mm，并将中间的矩形拉高300mm（图3-20）。

4）创建景观座椅

单击【偏移复制】 按钮，将圆形的座椅向外扩50mm，单击【推拉】 按钮，将座椅拉高450mm，单击【推拉】 按钮，将景观座椅的地面拉高50mm。将座椅的外圈拉高30mm（图3-21）。

5）贴材质

(1) 为地面贴材质。

①单击【材质】 按钮，在弹出的【材质】对话框中选择材质，然后单击路面，完成水景区地面材质的铺装（图3-22）。

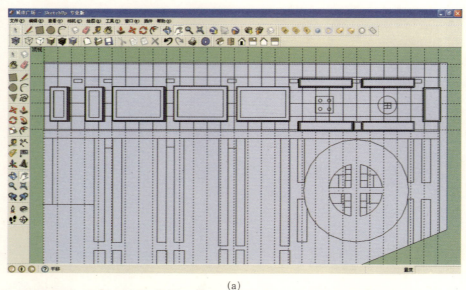

(a)

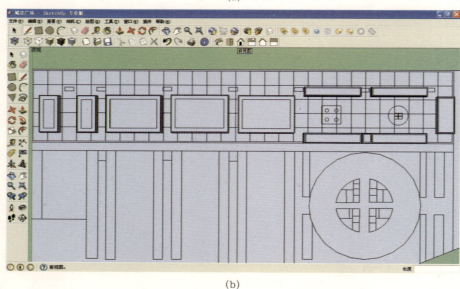

(b)

图 3-17 绘制地面网格组图

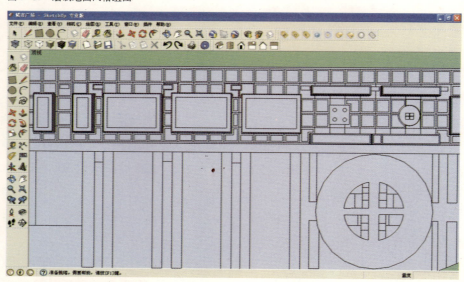

图 3-18 地面网格完成效果

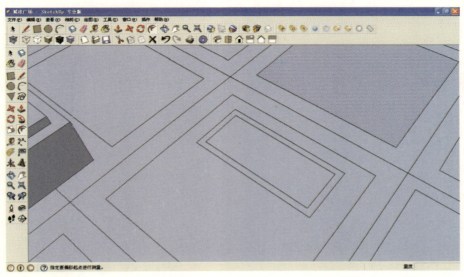

图 3-19　制作绿篱

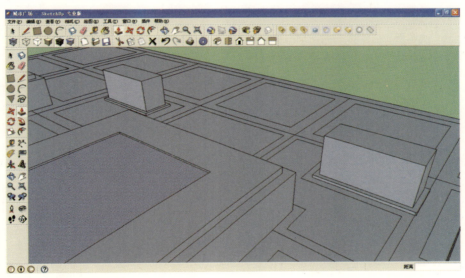

图 3-20　绿篱完成图

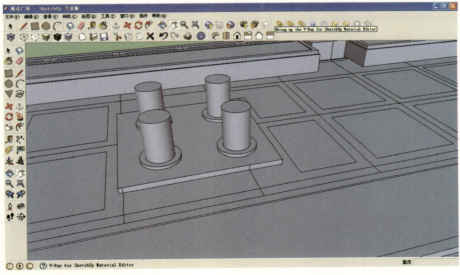

图 3-21　创建景观座椅

②单击【材质】按钮，在弹出的【材质】对话框中选择绿植材质，然后单击路面石材的缝隙，完成水景区地面材质的铺装（图3-23）。

③在【材质】对话框中选择【编辑】选项，根据需要对地面材质进行编辑，修改材质的颜色、尺寸（图3-24）。

（2）为水池贴材质。

①单击【材质】按钮，在弹出的【材质】对话框中选择石材材质，然后单击水池，完成水池池壁材质的铺装。选择【材质】对话框中【编辑】选项，编辑水池池壁材质（图3-25）。

②在【材质】对话框中选择水面材质，然后单击水池水面，完成水池水面材质的铺装。选择【材质】对话框中【编辑】选项，编辑池面的材质颜色、透明度（图3-26）。

（3）为绿篱贴材质。

①单击【材质】按钮，在弹出的【材质】对话框中选择木材材质，然后单击绿篱的基座，完成绿篱基座材质的铺装。选择【材质】对话框中【编辑】选项，编辑绿篱基座材质（图3-27）。

②单击【材质】按钮，在弹出的【材质】对话框中选择绿植材质，然后单击绿篱，完成绿篱材质的铺装。选择【材质】对话框中【编辑】选项，编辑绿篱材质（图3-28）。

（4）为景观座椅贴材质。

单击【材质】按钮，在弹出的【材质】对话框中选择木材材质，然后单击景观座椅，完成材质的铺装。选择【材质】对话框中【编辑】选项，编辑座椅材质（图3-29）。

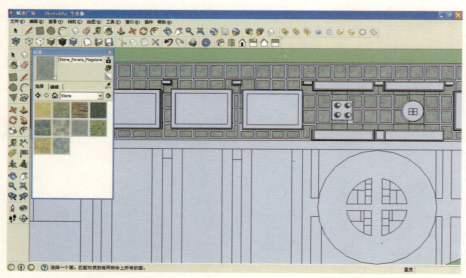

图3-22 地面材质铺装

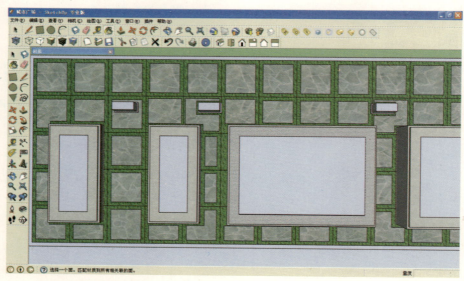

图3-23 水景区地面铺装

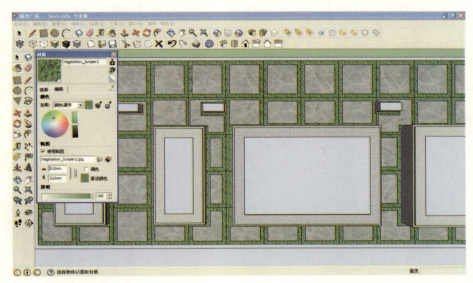

图 3-24　编辑地面材质

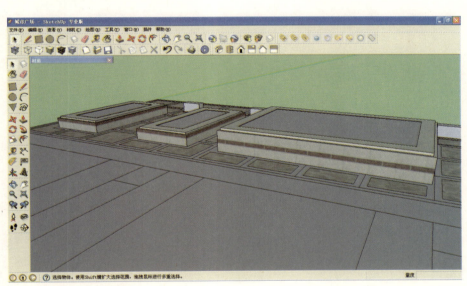

图 3-25　水池池壁材质铺装

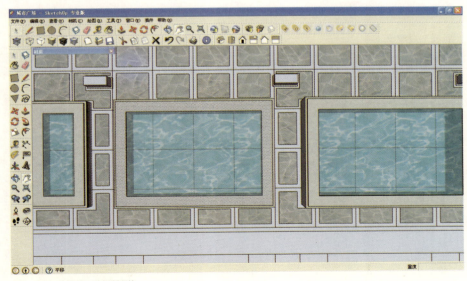

图 3-26　水池池面材质铺装

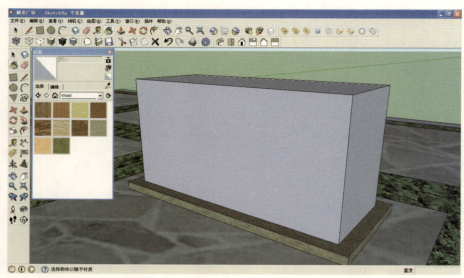

图 3-27　绿篱基座材质铺装

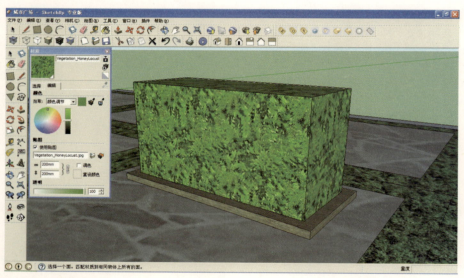

图 3-28　绿篱材质铺装

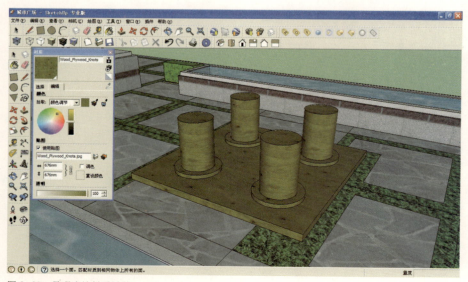

图 3-29　景观座椅材质铺装

3. 建造休闲区场地

休闲区位于整体广场的下半部。整体区域以三处景观广场与大量的绿篱相搭配，意图营造出"贴近自然"的环境氛围。休闲区地面采用不同石材互相穿插搭配的处理手法，绿篱采用规则的排列方式（图3-30）。

1）创建地面

休闲区地面采用满铺石材的装饰方式，因此我们需要在休闲区的地面上描绘出石材的分布网格，以方便后期贴材质。

（1）单击视图工具栏中的【顶视图】 按钮，将视图转化为顶视图显示。单击【测量辅助线】 按钮，先绘制出1000mm×1000mm网格辅助线，如图3-31所示。

图3-30 休闲区平面图

（2）单击【线】 按钮，根据辅助线绘制出地面网格。单击【删除】 按钮，删除辅助线（图3-32）。

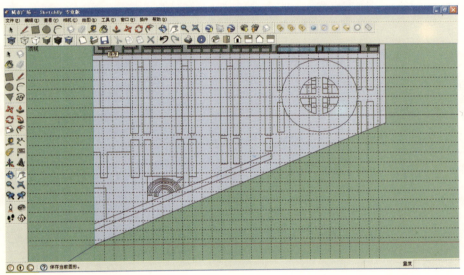

图3-31 休闲区地面网格辅助线

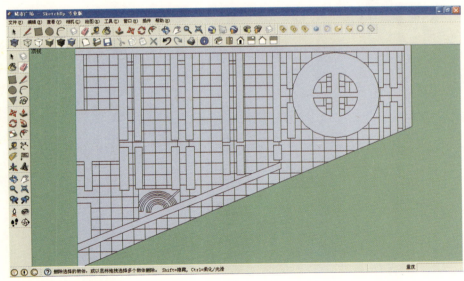

图3-32 休闲区地面网格

2）创建休闲小广场

休闲区域中一共有两处休闲小广场，分别为圆形中心广场和娱乐广场，如图3-33所示。

(a)

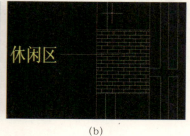
(b)

图3-33 小广场分布图

圆形中心广场地面采用石材拼花的铺装方式，中心设有花池，使广场与周围分布的树篱很好地结合。

娱乐广场为配合周围的树篱，营造出自然的环境，设有休息座椅、娱乐设施，地面采用铺装防腐木的处理手法。

（1）创建圆形中心广场

①创建广场边线。单击【偏移复制】按钮，将圆形中心广场的外边线向内偏移100mm。将圆形中心广场的内边线向外偏移100mm（图3-34）。

②创建花池。单击【偏移复制】按钮，将花池的分隔面分别向内偏移30mm，如图3-35所示。

（2）创建娱乐广场

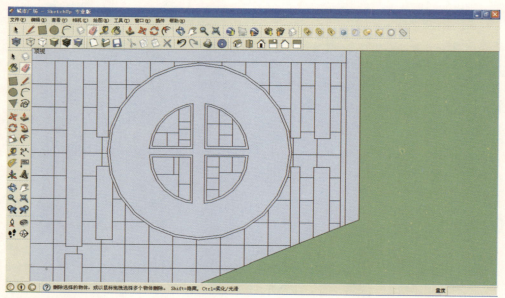

图3-34 创建圆形广场边线

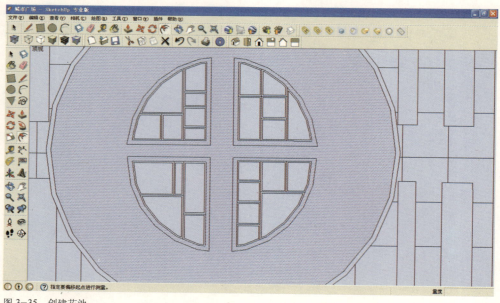

图3-35 创建花池

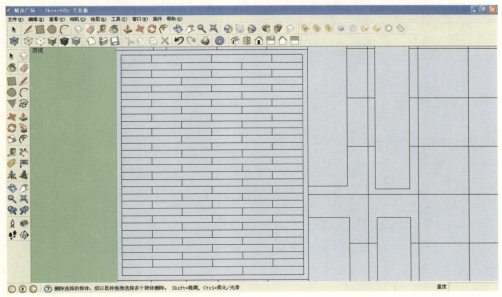

图 3-36 景观广场完成图

单击【偏移复制】按钮，将圆形中心广场的外边线向内偏移 100mm。单击【测量辅助线】按钮，先绘制出 1200mm×150mm 的地板辅助线，然后单击【线】按钮，根据辅助线绘制出地面网格。最后单击【删除】按钮，删除辅助线（图 3-36）。

3）创建景墙

在休闲区的下半部有一个用花卉搭建的梯阶形景墙，如图 3-37 所示。

图 3-37 景墙区域图

单击【推拉】按钮，将景墙的最外沿向上推拉 1500mm，向内依次为 1100mm、700mm、400mm、200mm、80mm、30mm，如图 3-38 所示。

4）创建绿植

单击【推拉】按钮，将休闲区的绿植分别向上推拉 800mm、400mm、200mm（图 3-39）。

5）贴材质

（1）为地面贴材质。

单击【材质】按钮，在弹出的【材质】对话框中选择材质，然后单击地面，完成材质的铺装。选择【材质】对话框中【编辑】选项，编辑地面材质（图 3-40）。

（2）为小广场贴材质

单击【材质】按钮，在弹出的【材质】对话框中选择材质，然后单击中心广场，完成材质的铺装。选择【材质】对话框中【编辑】选项，编辑材质（图 3-41）。

单击【材质】按钮，在弹出的【材质】对话框中选择材质，然后单击景观广场，完成材质的铺装。选择【材质】对话框中【编辑】选项，编辑材质（图 3-42）。

（3）为景观墙贴材质

单击【材质】按钮，在弹出的【材质】对话框中选择植物材质，然后单击绿篱，完成材质的铺装。选择【材质】对话框中【编辑】选项，编辑材质（图 3-43）。

（4）为绿植贴材质

单击【材质】按钮，在弹出的【材质】对话框中选择植物材质，然后单击绿篱，完成材质的铺装。选择【材质】对话框中【编辑】选项，编辑材质（图 3-44）。

4. 添加植物

根据方案的规划，需要在广场的周围添加大量的树木和绿植，以营造出自然的广场景观。

在这里我们主要采用添加组件的方式，为城市广场添加上树木与绿植。

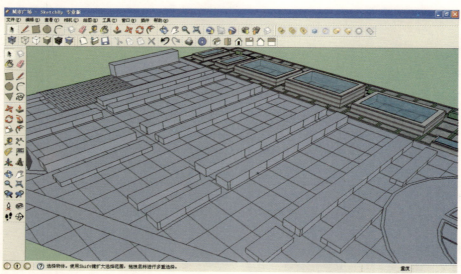

图 3-38 景墙完成图

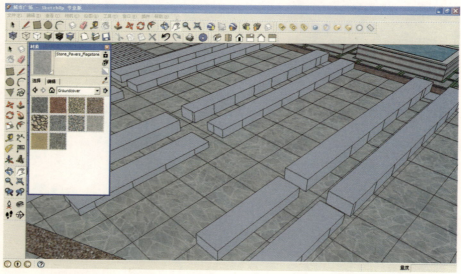

图 3-39 绿植完成图

图 3-40 地面材质铺装

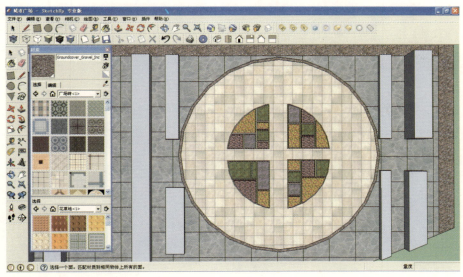

图 3-41 中心广场材质铺装

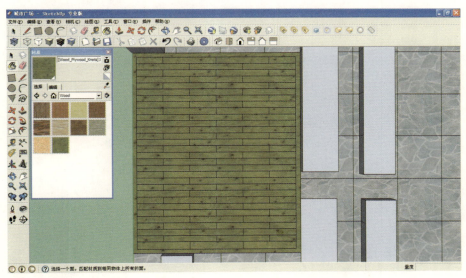

图 3-42 景观广场材质铺装

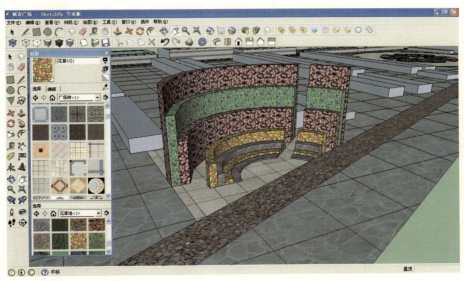

图 3-43 景观墙材质铺装

单击工具栏中【窗口】选项，选择【组件】，在【组件】对话框中单击所选的树木模型，拖动鼠标，将树木模型插入图形中，单击工具栏中【缩放】 按钮，把树木模型缩放至合适大小，如图3-45所示（调用组件方法，详见第2章）。

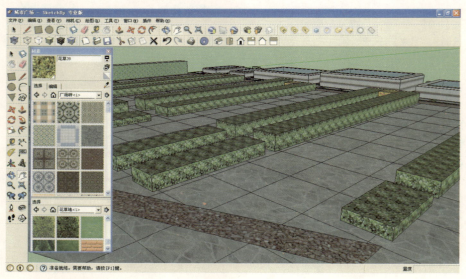

图3-44　绿篱材质铺装

(a)

(b)

图3-45　添加植物组图

图 3-46 添加景观小品组图

5. 添加景观小品

单击工具栏中【窗口】选项，选择【组件】，在【组件】对话框中单击小品模型，拖动鼠标，将模型插入图形中，单击工具栏中【缩放】按钮，把树木模型缩放至合适大小（图 3-46）。

6. 增加阴影

（1）单击菜单栏中【窗口】选项，点击【阴影】命令，在弹出的【阴影设置】对话框中选中【启动光影】复选框，然后进行相应的时间与日期调整，如图 3-47 所示。

（2）单击菜单栏中【窗口】选项，点击【场景信息】命令，在弹出的【场景信息】对话框中选择【位置】选项，在右侧的窗口选择相应的地理位置，调整太阳正北角度（图 3-48）。

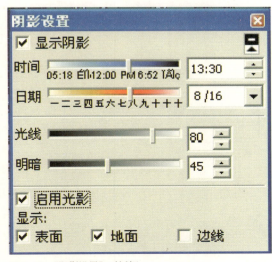

图 3-47 【阴影设置】对话框

7. 设置天空与背景

（1）单击菜单栏中【窗口】选项，点击【风格】命令，在弹出的【风格】对话框中选择【编辑】选项卡，在【背景】栏中选中【天空】复选框，并调整天空的颜色为浅蓝色（图3-49）。

（2）调整并优化视角，达到最佳的观察方式（图3-50）。

图3-48　调整位置　　　　　　　　　图3-49　调整天空颜色

图3-50　完成效果

3.2.3　Sketch Up & VRay 渲染城市广场

1. 导出3D模型

（1）选择菜单栏中【文件】选项，选择【导出】中【模型】命令，弹出【导出模型】对话框，输入文件名"01"（图3-51）。

提示：在Sketch Up中导出模型时，我们一定将导出的文件重命名为数字或英文名称，否则可能会造成导出失败的问题，这一点请大家注意。

（2）单击【导出模型】对话框中【选项】，弹出【3DS导出选项】对话框，如图3-52所示，进行导出设置。

（3）导出模型完成后，会弹出【3DS导出结果】对话框，显示导出模型的信息（图3-53）。

2. 导入Sketch Up模型文件

1）在3DS Max中进行基本设置

在进入3DS Max时，一定要对尺寸单位进行设置后才可以进行模型的导入。

（1）打开3DS Max软件，首先进行尺寸单位设置。选择【自定义】选项中【单位设置】命令，在弹出的【单位设

图3-51　设置保存路径与文件名

第3章 工作室教学第二单元——城市广场绘制项目 | 061

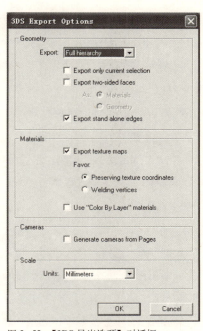

图 3-52 【3DS 导出选项】对话框

图 3-54 【单位设置】对话框

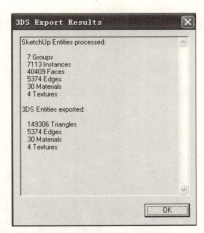

图 3-53 【3DS 导出结果】对话框

图 3-55 【系统单位设置】对话框

图 3-56 【栅格和捕捉设置】对话框

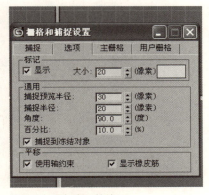

图 3-57 【选项】对话框

置】对话框中选中【公制】单选按钮,设置公制单位为"毫米",并选中【通用单位】按钮(图3-54)。

(2)单击【系统单位设置】按钮,在弹出【系统单位设置】对话框中,将【系统单位比例】栏中设置【毫米】单位,其他的选项为默认值(图3-55)。

(3)选择【自定义】选项中【栅格和捕捉设置】命令,进行捕捉点的设置,在弹出的【栅格和捕捉设置】对话框中将捕捉设置为顶点捕捉模式,如图3-56所示。

(4)选择【选项】选项,将【角度】设置为90,同时选中【捕捉到冻结对象】和【使用轴约束】复选框(图3-57)。

2)在3DS Max 中导入3DS 文件

设置完尺寸后，便可以开始导入3DS文件。具体步骤如下：

（1）打开3DS Max软件，选择【文件】菜单中的【导入】命令，在弹出的【选择要导入的文件】对话框中选择导入文件，并确认【文件类型】为"3D studio 网格（*3DS，*PRJ）"格式（图3-58）。

（2）单击【打开】按钮后，弹出【3DS 导入】对话框，单击【确定】按钮完成场景的导入（图3-59）。

 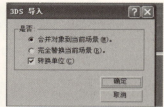

图3-58 【选择要导入的文件】对话框　　图3-59 【3DS 导入】对话框

（3）3DS Max将3DS文件导入当前场景中（图3-60）。

3）调整导入模型

（1）打开3DS Max软件，选择【文件】菜单中的【导入】命令，将3DS文件导入到场景中。

（2）用Sketch Up制作的模型，在导入3DS Max后，模型间都会建立链接关系。按【Ctrl+A】键全选所有模型，单击【断开连接】按钮，去除模型间的链接关系（图3-61）。

用Sketch Up制作的模型，在导入3DS Max后，都共用一个坐标轴，这样就影响了模型在3DS Max中的操作，所以，需要给每个模型都重新指定一个自己的坐标轴。

（3）按键盘上的【Shift+C】键，先将场景中的摄影机隐藏起来。按【Ctrl+A】键全选所有模型，激活层次面板。首先单击【仅影响轴】，然后单击【居中到对象】按钮，完成模型坐标轴的重设（图3-62）。

3．校正摄影机

（1）按【H】键打开"选择对象"面板，选择场景中的摄影机物体，并重新命名为"摄影机01"，如图3-63所示。

（2）单击菜单栏中【修改器】命令按钮，选择【摄影机】中【摄影机校正】，参数保持默认即可，使摄影机镜头强制以两点透视方式显示。然后使用工具缩放摄影机视野范围，如图3-64所示。

4．选择VRay渲染器

（1）按【F10】键或者选择菜单栏的【渲染】命令按钮，弹出【渲染场景】对话框，单击打开【指定渲染器】卷展栏，单击"产品级：默认扫描线渲染器"后面的按钮，如图3-65

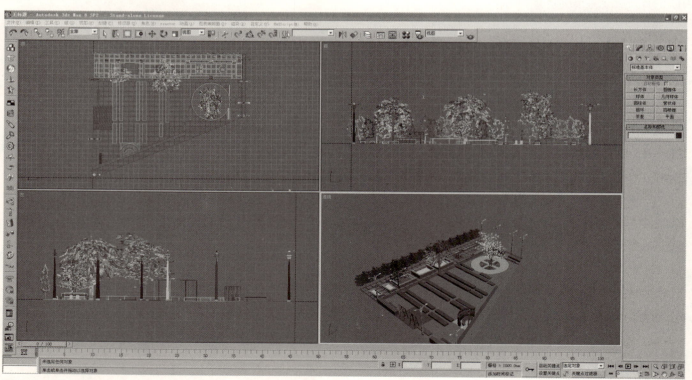

图3-60 导入3DS Max的模型

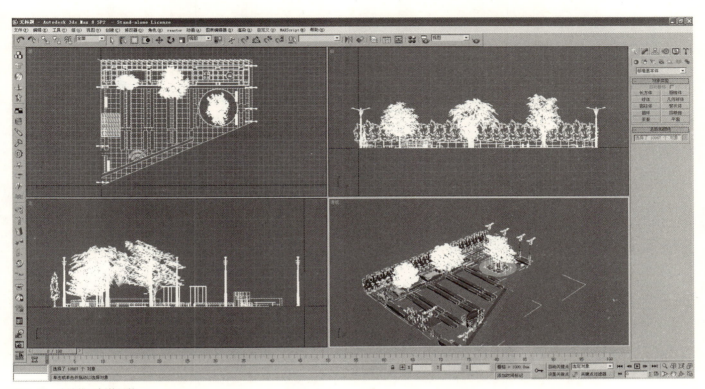

图 3-61　去除模型间的链接

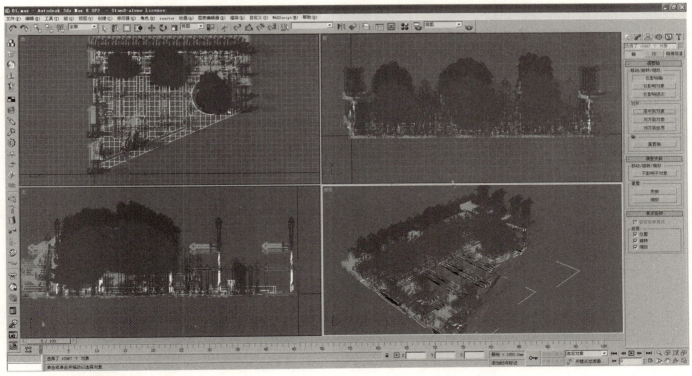

图 3-62　建立新的坐标轴

图 3-65 【指定渲染器】卷展栏

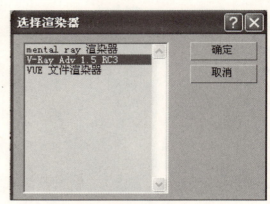

图 3-66 【选择渲染器】对话框

图 3-63 修改摄影机名称

所示。

（2）在弹出的【选择渲染器】对话框中，单击 VRay Adv 1.5 RC3，单【确定】按钮，如图 3-66 所示，将指定渲染器更改为 VRay1.5。

5. 编辑材质

（1）开材质编辑器，用管吸取模型材质，模型的各部分材质都被作为子材质，在材质编辑器中对每个子材质进行编辑，如图 3-67 所示。

（2）对材质进行反复调试，得到最终的材质效果，如图 3-68 所示。

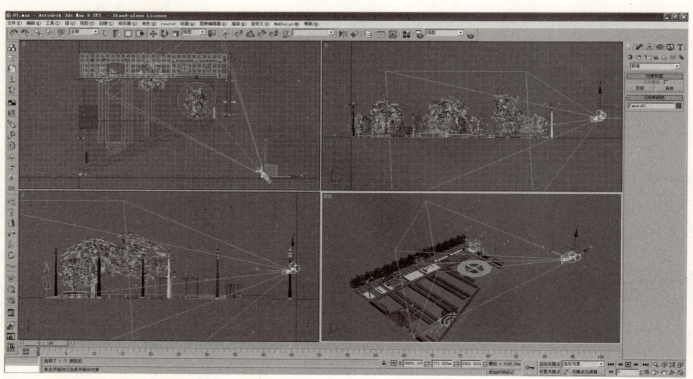

图 3-64 调整摄像机位置

出【渲染场景】对话框。设置输出大小,【宽度】为 640,【高度】为 480,并锁定图像纵横比,如图 3-69 所示。

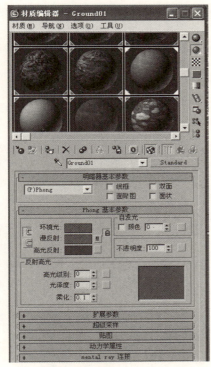

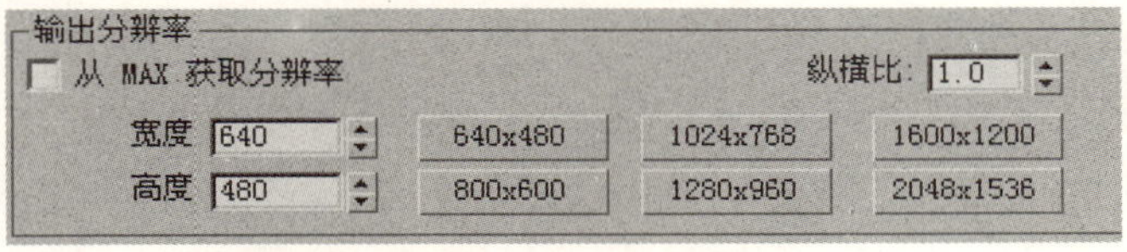

图 3-67 编辑模型材质

图 3-69 设置【渲染输出】参数

(2) 击打开【全局开关】卷展栏,取消【默认灯光】和【隐藏灯光】的勾选,勾选【最大深度】为 1,如图 3-70 所示。

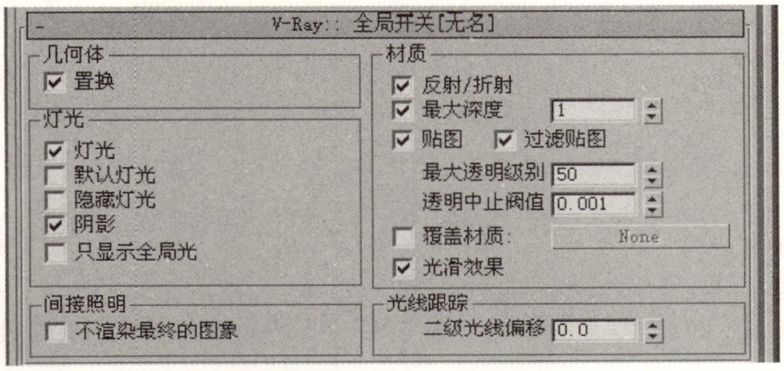

图 3-70 设置【全局开关】参数

(3) 打开【图像采样(反锯齿)】卷展栏,设置【图像采样器】的类型为【固定】,勾选【开】选项,设置【抗锯齿过滤器】方式为【区域】,如图 3-71 所示。

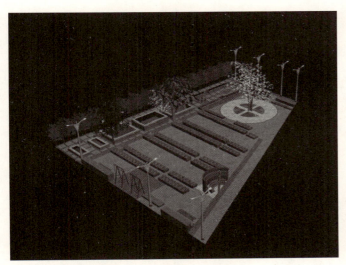

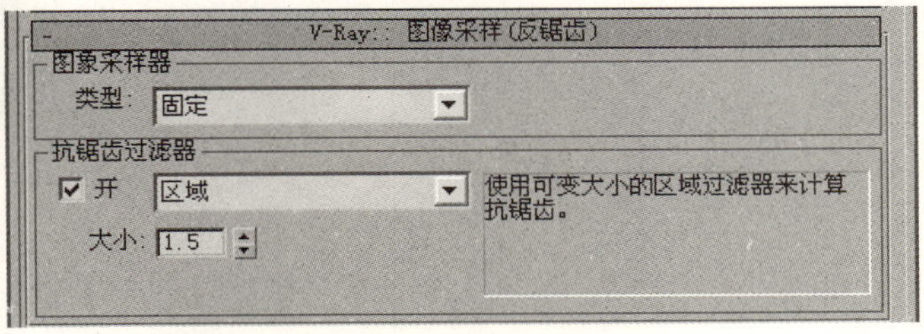

图 3-68 材质效果图

图 3-71 设置【图像采样(反锯齿)】参数

6. 渲染测试和灯光设置

1) 测试渲染

提示:测试渲染主要是观察场景的明暗程度,根据测试渲染出的场景要反复调节材质和灯光的参数设置。测试渲染要进行多次,需要大大缩短每次渲染时间。所以在输出大小和全局照明等参数的设置上,要尽量选用较低的品质。

(1) 按【F10】键或者选择菜单栏中的【渲染】命令,弹

(4) 单击打开【间接照明】卷展栏,勾选【开】复选框,打开全局照明。设置首次反弹【倍增器】为 1,【全局光引擎】为【发光贴图】,二次反【倍增器】为 1,【全局光引擎】为【准蒙特卡洛算法】,如图 3-72 所示。

(5) 单击打开【rQMC 采样器】卷展栏,设置【适应数量】为 0.95,如图 3-73 所示。

图 3-75 设置【颜色映射】参数

图 3-72 设置【间接照明】参数

图 3-73 设置【rQMC 采样器】参数

(6) 单击打开【发光贴图】卷展栏,勾选【显示计算机状态】和【显示直接光】选项,设置【当前预置】为【低】,设置【模型细分】为 20,【插补采样】为 20,如图 3-74 所示。

图 3-76 测试渲染效果

主光源可以使用目标聚光灯模拟,也可以使用目标平行光来模拟。本案例是白天城市广场的表现,本案例中的主光源是用目标平行光来模拟的。

(1) 激活创建命令面板,单击【灯光】按钮打开创建灯光命令面板。单击【目标平行光】 目标平行光 按钮,在顶视图中合适位置单击鼠标并拖动至建筑位置,为场景创建一盏目标平行灯来模拟主光源,在前视图中调整目标聚光灯和目标点的高度,如图 3-77 所示。

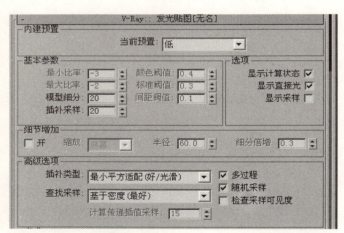

图 3-74 设置【发光贴图】参数

提示:【显示计算机状态】和【显示直接光】选项勾选与否对渲染结果没有影响,这两个选项是否勾选依个人习惯而定。

(7) 单击打开【颜色映射】卷展栏,设置【类型】为【线性倍增】,设置【变暗倍增器】为 1.1,【变亮倍增器】为 1.0,如图 3-75 所示。

(8) 单击【渲染】按钮,开始测试渲染,如图 3-76 所示。

2) 设置灯光

提示:设置主灯光的聚光灯范围时,不要将聚光区的范围设置得过大,仅将中心主体建筑包含在其中即可,过大的聚光区范围会增加渲染的计算时间。在使用微调器调整聚光区参数时,按住【Ctrl】键的同时再拖动微调器,能够加快参数变化的速度。

(2) 选中目标平行光,激活修改令令面板,修改面板中勾选【启用】阴影选项,在阴影下拉菜单中选择【VRay 阴影】,设置【聚光区/光束】为"100mm",设置【衰减区/区域】为"38000.0mm",如图 3-78 所示。

(3) 测试渲染,如图 3-79 所示。

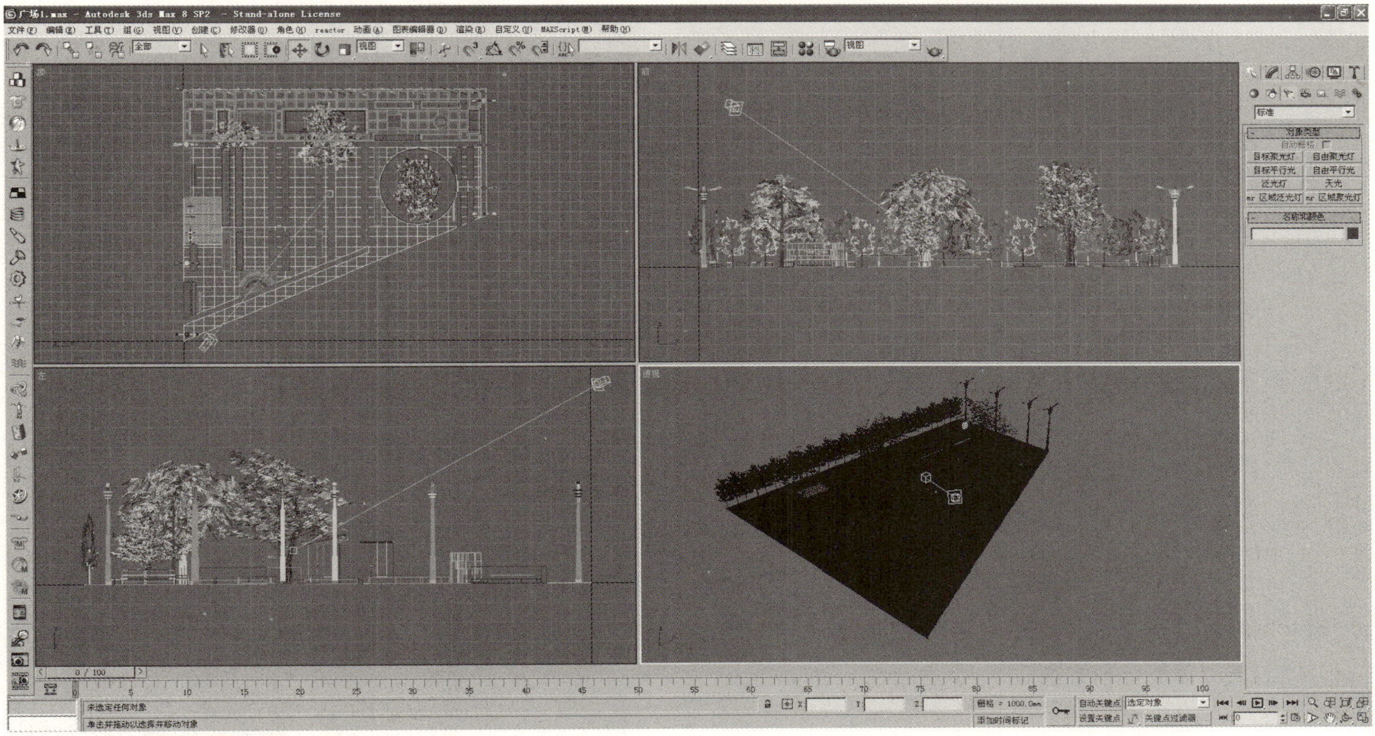

图 3-77 创建并调整灯光

图 3-78 设置【天光灯光】参数激活创建命令面板

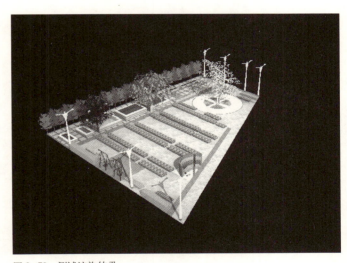

图 3-79 测试渲染结果

（4）渲染效果显示，图片中部分材质曝光过度。调整【间接照明 GI】卷展栏中的【二次反弹】参数和【颜色映射】的参数，降低图像的亮度，如图 3-80、图 3-81 所示。

3）渲染小图

场景的大体效果已经出来了，渲染一张精度较高的小图查看场景效果。

（1）打开【图像采样（反锯齿）】卷展栏，设置【图像采样器】的【类型】为【自适应细分】，设置【抗锯齿过滤器】

图 3-80　调整【二次反弹】参数

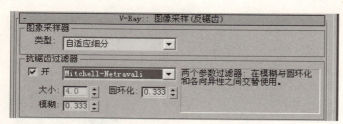

图 3-81　调整【颜色映射】参数

为"Mitchell-Netravali",如图 3-82 所示。

（2）打开【发光贴图】卷展栏，设置参数，如图 3-83 所示。

（3）打开【rQMC 采样器】卷展栏，进行参数设置，如图 3-84 所示。

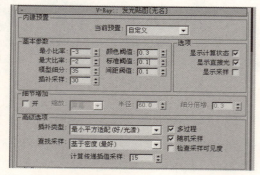

图 3-82　设置【图像采样（反锯齿）】参数

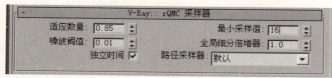

图 3-83　设置【发光贴图】参数

（4）选择【公用】选项卡，设置【输出大小】参数，如图 3-85 所示。

（5）渲染摄影机视图，渲染效果，如图 3-86 所示。

图 3-85　设置【输出大小】参数

图 3-86　渲染效果

7．渲染输出

1）输出图片

在最终渲染输出时，为了节约时间，可以采用先渲染一张小图并保存光子，然后调用保存的光子渲染出最终的大图。

（1）保存光子

①打开【渲染场景】对话框，打开【渲染器】选项卡，设置渲染光子参数。

②打开【全局开关】卷展栏，勾选【不渲染最终的图像】选项，取消勾选【默认灯光】和【隐藏灯光】选项，取消勾选【最大深度】选项，如图 3-87 所示。

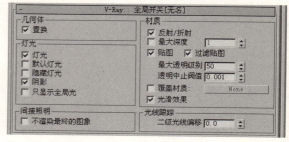

图 3-87　设置【全局开关】参数

图 3-84　设置【rQMC 采样器】参数

③打开【图像采样(反锯齿)】卷展栏,设置【图像采样器】的【类型】为【固定】,关闭【抗锯齿过滤器】,如图3-88所示。

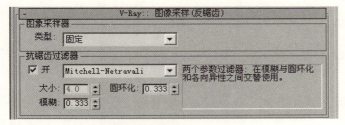

图3-88 设置【图像采样(反锯齿)】参数

④打开【发光贴图】卷展栏,设置参数,勾选【自动保存】选项,单击【浏览】按钮,设置保存光子路径,勾选【切换到保存的贴图】选项,如图3-89所示。

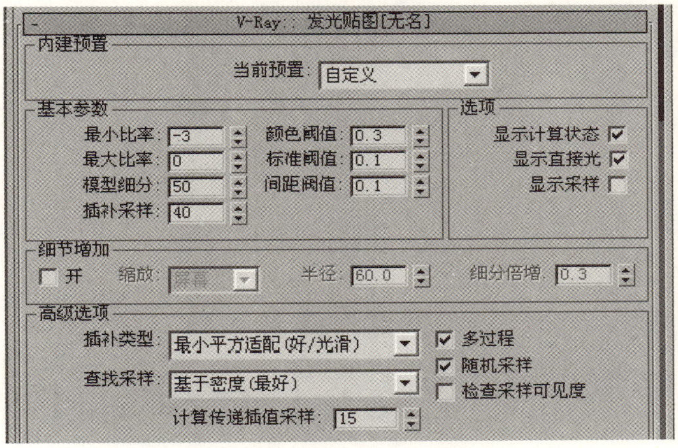

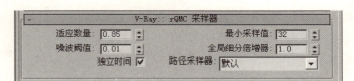

图3-90 设置【rQMC采样器】参数

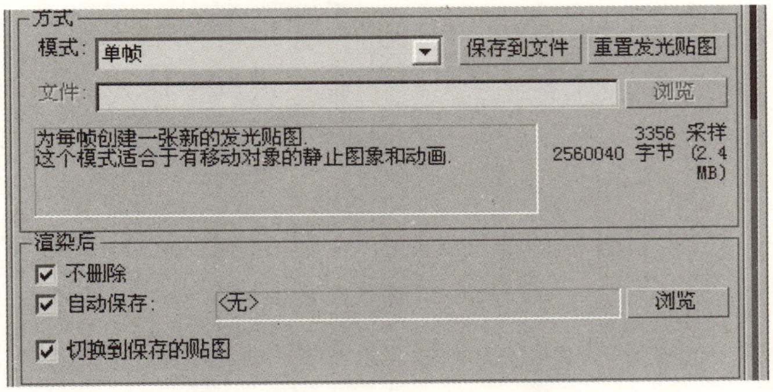

提示:理论上讲,发光贴图与最终成品图的尺寸越接近越好,但是发光贴图支持4倍的像素放大,也就是说当发光贴图为成品图尺寸的1/4时,就可以为最终成品图提供发光贴图计算了。所以不需要设置过大的发光贴图尺寸,浪费不必要的渲染时间。

⑥渲染摄影机视图,渲染效果如图3-91所示。

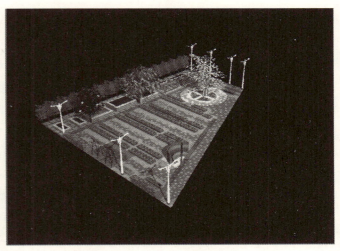

图3-91 渲染效果

(2)调用光子

①待光子渲染结束后,再次打开【渲染场景】对话框,设置参数,在【全局开关】卷展栏中取消勾选【不渲染最终的图像】选项,如图3-92所示。

图3-89 设置【发光贴图】参数组图

⑤打开【rQMC采样器】卷展栏,设置参数,如图3-90所示。

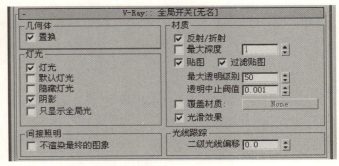

图3-92 设置【全局开关】参数

②在【图像采样（反锯齿）】卷展栏中，设置【图像采样器】类型，打开并设置【抗齿过滤器】类型，如图3-93所示。

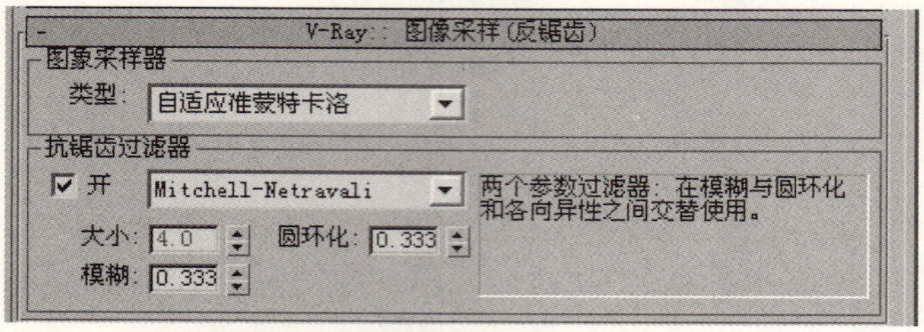

图3-93 设置【图像采样（反锯齿）】参数

③由于在渲染光子时勾选了【切换到保存的贴图】选项，系统会在渲染光子结束后，自动调用光子，如图3-94所示。

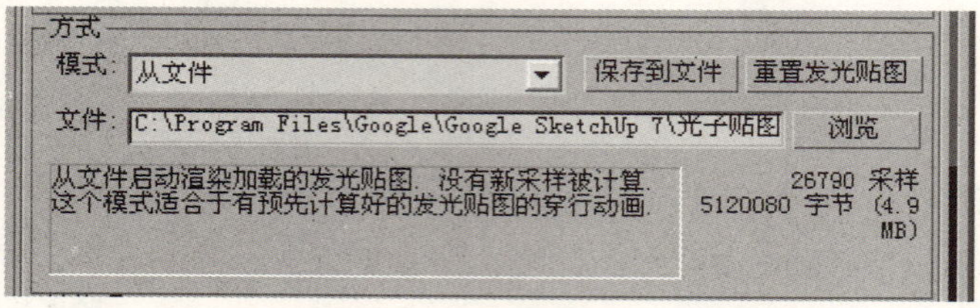

图3-94 系统自动调用光子

④单击【渲染输出】中【文件】按钮，设置保存路径，设置保存类型为TGA格式并命名，单击【保存】按钮，在弹出的对话框中取消勾选【压缩】选项，单击【确定】按钮，如图3-95、图3-96所示。

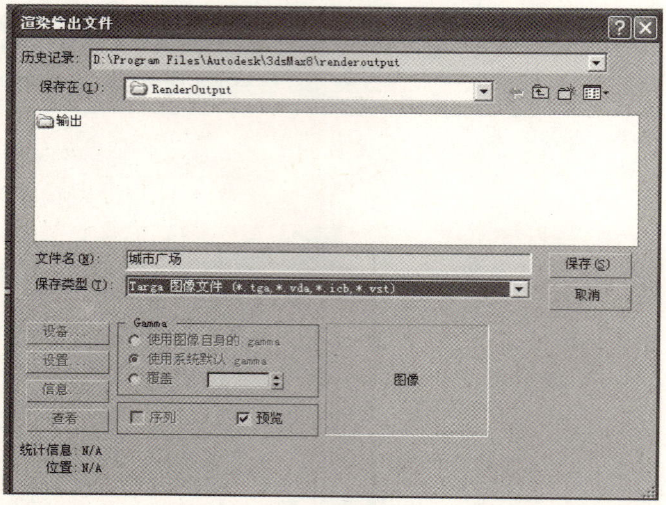

(a)

图3-95 设置输出图片格式组图

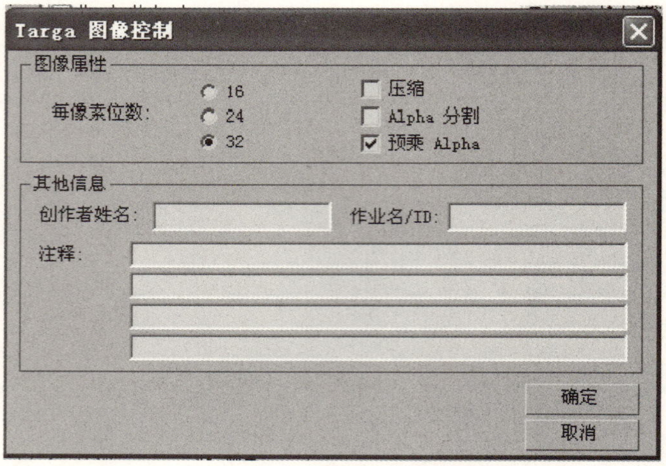

(b)

图3-95 设置输出图片格式组图（续）

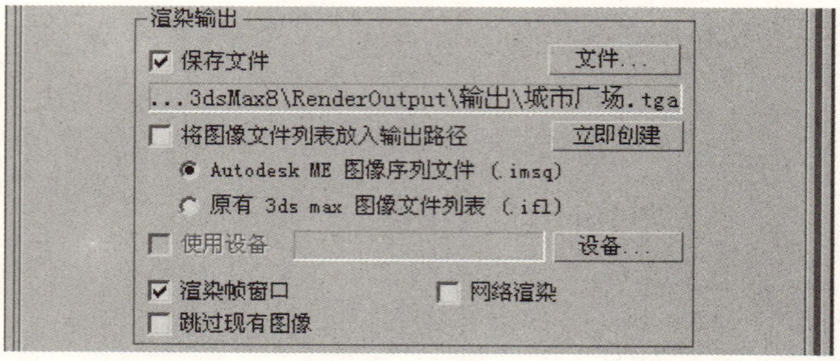

图3-96 设置【渲染输出】路径

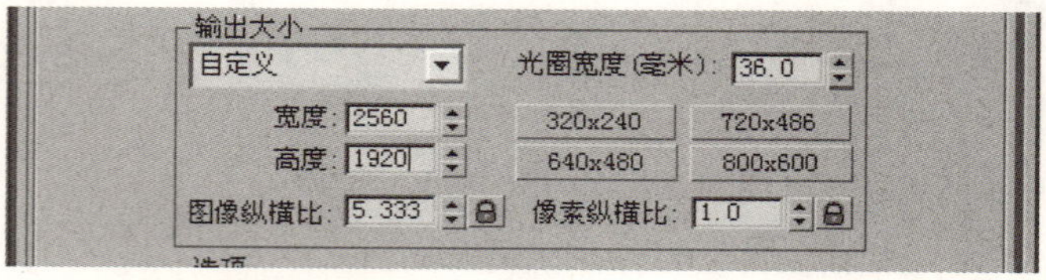

图3-97 设置【输出大小】参数

⑤设置【输出大小】参数，如图3-97所示。

⑥渲染摄影机视图，效果如图3-98所示。

2）输出通道

为了方便Photoshop的后期处理，往往要渲染一幅与效果图大小、位置完全一致的纯色像，我们将其称为"材质通道图"，借助它可以方便地选择效果图中的不同部分。在后期的处理过程中，调整局部材质区域的色相、亮度、对比度时，就可以很方便地选择它们了。

为了使每个场景对象都渲染输出为单一颜色的色块，各个对象的材质都要设置为单色发光材质，然后再进行渲染输出。为了方便后期调整，要渲染输出材质通道和阴影通道。

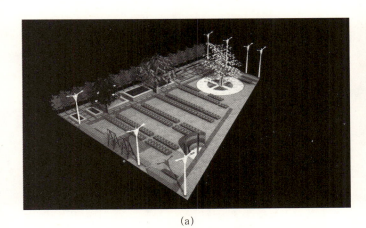

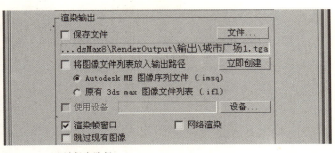

图 3-100 取消保存路径

图 3-98 最终渲染效果图

（1）输出材质通道

①关闭灯光，去除场景中材质的所有贴图，把场景中的材质设置为不同的【漫反射】颜色，设置【自发光】为100，设置【高光级别】和【光泽度】参数为0，设置【不透明度】为100，取消保存路径，如图3-99～图3-101所示。

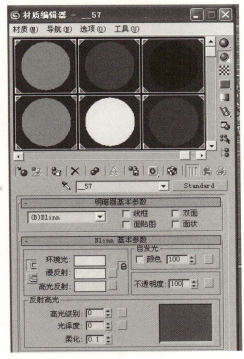

图 3-101 编辑材质

②渲染摄影机视图，效果如图3-102所示。单击【保存】按钮，保存渲染结果，保存为TGA格式。

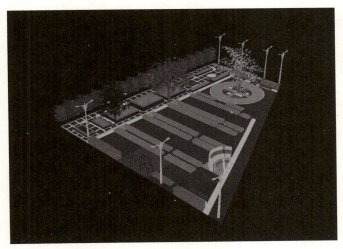

图 3-99 关闭灯光

图 3-102 材质通道

(2) 输出阴影通道

①在输出阴影通道时，需要把场景中模型的材质转换为【无光／投影】材质。渲染出阴影通道。为了有比较好的阴影效果，需要开启灯光,设置灯光的阴影为【光线跟踪阴影】,如图3—103所示。

图 3—105　设置【抗锯齿过滤器】参数

④打开材质编辑器，重置任意一个材质球，选择全部模型，将该材质球赋予模型,单击【材质／贴图浏览器】按钮，在【材质／贴图浏览器】中选择【无光／投影】,单击【确定】按钮,把【标准】材质转换为【无光／投影】材质,如图3—106 所示。

图 3—103　设置灯光阴影参数

②由于 VRay 渲染器和【无光／投影】材质不兼容，需要将渲染器转换为【默认扫描渲染器】,如图3—104 所示。

(a)

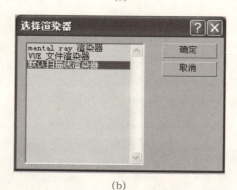

(b)

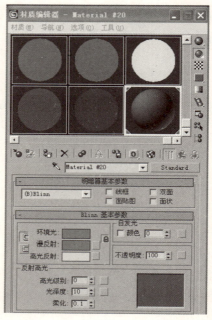

(a)

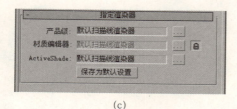

(c)

图 3—104　指定渲染器组图

③设置【抗锯齿过滤器】为 Mitchell-Netravali, 如图 3—105 所示。

(b)

图 3—106　转换材质组图

⑤为了更好地观察阴影效果,设置【阴影】的【颜色】,如图 3-107 所示。

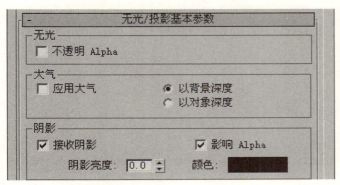

图 3-107　设置阴影颜色

⑥渲染摄影机视图,效果如图 3-108 所示,把渲染结果保存为 TGA 格式。

图 3-109　添加背景环境

图 3-110　添加配景

3)局部调整材质

整体关系调整完成,接下来对局部的材质进行调整,使它们更加的协调,如图 3-111 所示。

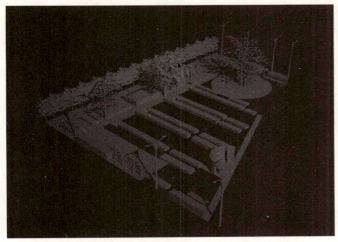

图 3-108　阴影通道

3.2.4　利用 Photoshop CS 进行后期修图

1. 整体关系调整

1)添加背景环境

导入合适的背景图片及确定画面构图,并将其放置在画面的合适位置,如图 3-109 所示。

2)添加配景

添加配景应该按照由远及近,由大到小,从整体到局部的顺序进行。这里我们为广场添加些景观绿植,使城市广场的周边环境更加的丰富,如图 3-110 所示。

图 3-111　调整材质

2. 添加外景路

添加外景路时，要注意调整路面贴图与整体透视、位置的关系，并找到合适的路面图片。这里我们为其添加人行横道及广场景观路面，如图 3-112 所示。

3. 整体调节色调关系

所有的配景处理完成后，根据分析，需要回到整体来调整场景大关系，使得画面主次分明、色彩协调，如图 3-113、图 3-114 所示。

图 3-113　调节整体色调

图 3-112　添加外景路

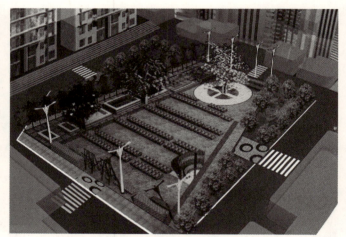

图 3-114　最终效果

第 4 章 工作室教学第三单元——公园景区规划绘制项目

4.1 公园景区规划绘制项目

本章以美国吕克·贝克生态公园设计项目为例，介绍公园景区的设计方法和过程。本章介绍的重点是应用插件设计软件 VR For Sketch Up 实现设计方案。

4.1.1 项目状况

位于美国达拉斯城区的吕克·贝克生态公园，是为了纪念贝克建筑工程事务所的奠基人 Henry C. Beck 而建。

受贝克家族的委托，公园的设计结合了贝克先生工作生涯中所使用过的建筑材料和方法，以表达对他的怀念之情，同时也为城市提供幽雅舒适的环境。景观设计师与客户展开沟通合作，将不规则的几何概念融合到设计之中。

4.1.2 项目构思

为了使公园有更大的植物区域，景观设计师利用了大量的绿篱植物排列出不规则的绿植景观，拉近了人与自然的距离。根据公园的地理优势，设计师设计了与周围人行路相协调的、舒适的入口。公园的设计尽量避免移动原有的树木，保证了原有绿化的完整性。

水景的设计在于突出水体本身的造型和清幽悦耳的流水声。下沉式的水体设计与周围遍铺的草坪和不规则的绿植景观，形成了和谐的统一。

4.1.3 项目设计

1. 草图方案设计

将上述构思用草图的形式绘制出来，效果如图 4-1 所示。

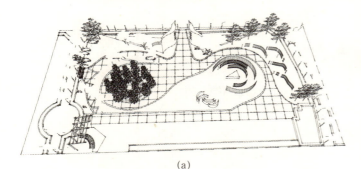

(a)

图 4-1 草图组图

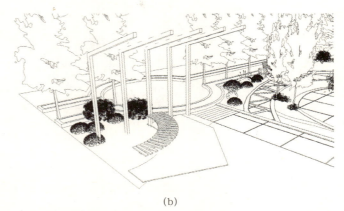

(b)

图 4-1 草图组图（续）

2. 施工图设计

根据设计原则与构思为所进行的方案绘制施工图，如图 4-2 所示。

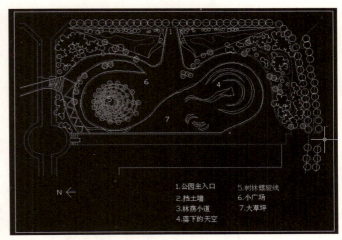

图 4-2 公园平面图

4.2 绘制公园景区效果图

4.2.1 在 CAD 中绘制平面图

1. 整理 CAD

整理好的 CAD 图纸，如图 4-3 所示（整理 CAD 图纸的方法详见第 2 章、第 3 章）。

图 4-3 整理后的平面图

2. 将平面图导入 Sketch Up

将平面图导入 Sketch Up，如图 4-4 所示（导入方法详见第 2 章、第 3 章）。

4.2.2 利用 Sketch Up 建模

1. 生成 Sketch Up 平面图

单击【直线】按钮，将导入的 CAD 平面图做封面的处理，效果如图 4-5 所示。

2. 创建道路

1）景区外道路铺装

（1）单击【材质】按钮，在弹出的【材质】对话框中选择路面材质，然后单击路面，完成材质的铺装。选择【材质】

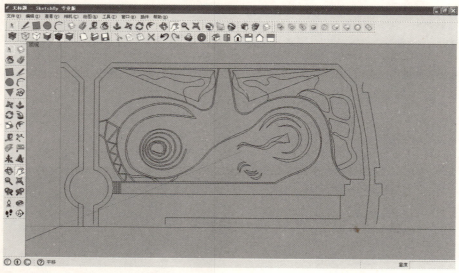

图 4-4 导入 Sketch Up 的平面图

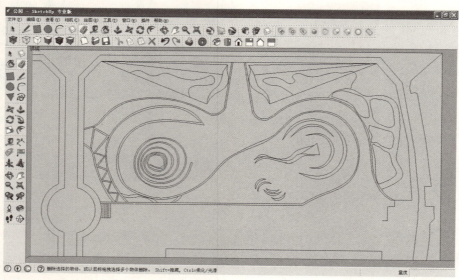

图 4-5 完成平面图的封面

对话框中【编辑】选项，编辑材质（图4-6）。

(2) 单击【偏移复制】按钮，将景区左侧的花坛向内偏移75mm，做出花坛的边石。单击【推拉】按钮，将花坛向上推拉100mm。

(3) 单击【材质】按钮，在弹出的【材质】对话框中选择石材材质，然后单击花坛的边石。回到材质对话框中选择植物材质，添加花卉材质，并选择【材质】对话框中【编辑】选项，编辑材质（图4-7）。

2）建筑景区内道路

(1) 创建景区内路面。

单击【材质】按钮，在弹出的【材质】对话框中选择路面材质，然后单击路面，完成材质的铺装。选择【材质】对话框中【编辑】选项，编辑材质（图4-8，图4-9）。

(2) 创建花坛、水池。

①单击【偏移复制】按钮，将景区右侧的花坛向内偏移75mm。单击【推拉】按钮，将花坛向上推拉100mm。

②单击【偏移复制】按钮，将景区右下角侧的区域边线向内偏移200mm，用于制作水池。单击【推拉】按钮，将水池向上推拉300mm。单击【移动复制】按钮，复制一个水池的底面，并将其向上移动280mm（图4-10）。

3）贴材质

(1) 单击【材质】按钮，在弹出的【材质】对话框中

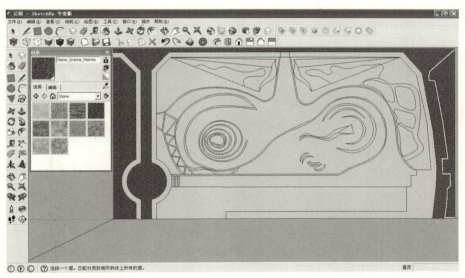

图4-6 景区外路面铺装

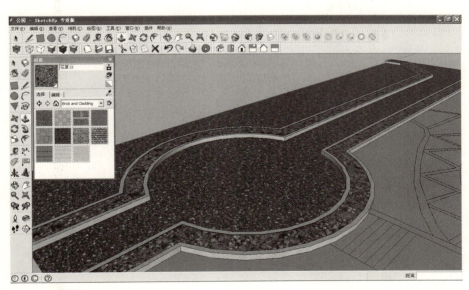

图4-7 创建花坛

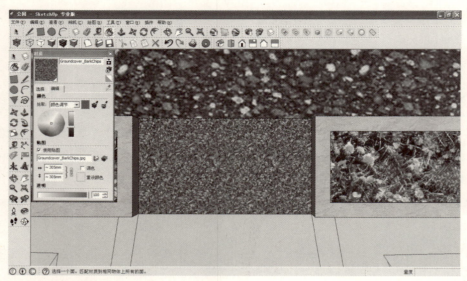

图 4-8　景区入口路面

图 4-9　景区路面组图

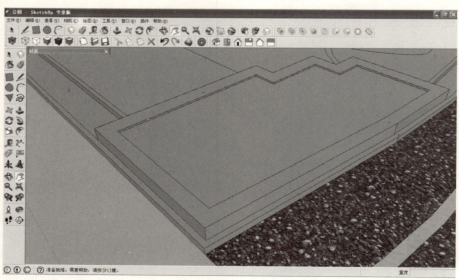

图 4-10　创建水池

选择【吸管】按钮，点击已经铺好材质的花坛边石，然后单击花坛及水池的边石，将材质赋予花坛和水池。

（2）回到【材质】对话框中选择植物和水面材质，为花坛和水池做材质铺装，并选择【材质】对话框中【编辑】选项，编辑水面材质的透明度（图4-11）。

3. 创建广场区

广场区位于景区的中心，与入口相连接（图4-12）。

1）创建广场区路面

（1）单击视图工具栏中的【顶视图】按钮，将视图转化为顶视图显示。单击【测量辅助线】按钮，先绘制出1000mm×1000mm网格辅助线（图4-13）。

图4-12 广场区

（2）单击【线】按钮，根据辅助线绘制出地面网格。单击【删除】按钮，删除辅助线（图4-14）。

（3）单击【偏移复制】按钮，将地面网格向内偏移

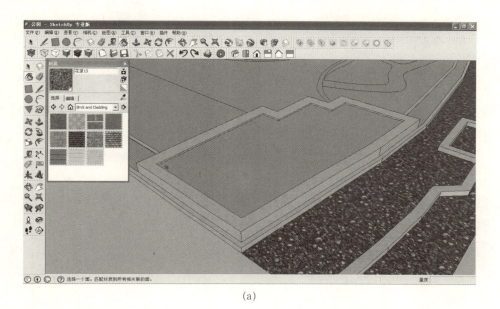

(a)

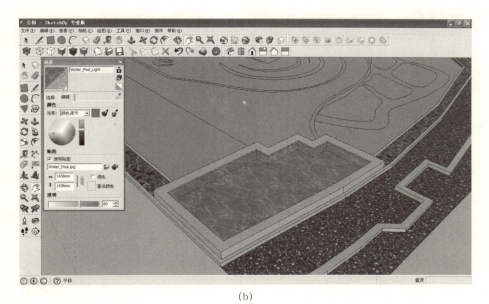

(b)

图4-11 花坛、水池铺装

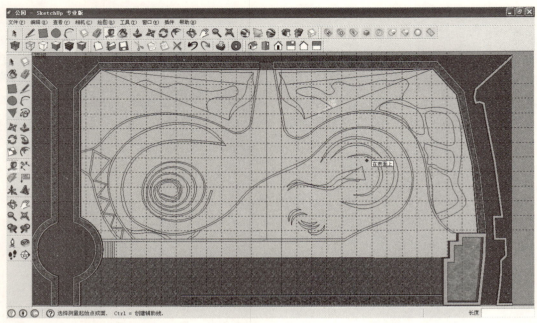

图 4-13 广场区路面网格辅助线

图 4-14 广场区路面网格

10mm，做出地面石材的拼缝（图 4-15）。

2）贴材质

单击【材质】按钮，在弹出的【材质】对话框中选择路面材质，然后单击路面，完成材质的铺装。选择【材质】对话框中【编辑】选项，编辑材质（图 4-16）。

3）创建广场区绿植

广场区有两处绿植景观，一处为行步路，一处为螺旋的树林（图 4-17）。

Sketch Up 中的组件除了系统中自带的组件之外，还可以通过网络连接选取。我们这次便利用网络，在 Sketch Up 中搜索树木的组件。

（1）单击工具栏中【窗口】选项，选择【组件】（图

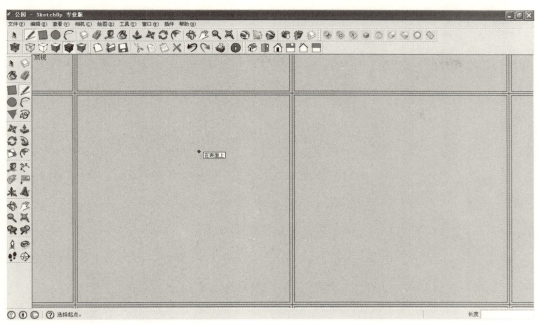

图 4-15 创建广场区路面石材拼缝

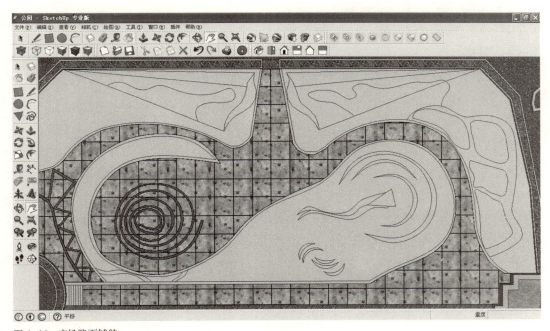

图 4-16 广场路面铺装

4-18）。

（2）在弹出的【组件】对话框中点击【选择】选项，在【选项】的右侧输入栏中输入"树木"，然后点击搜索，等待搜索结果（图 4-19）。

（3）在【组件】对话框中单击所选的树木模型，拖动鼠标，将树木模型插入图形中（图 4-20）。

（4）单击工具栏中【缩放】按钮，把树木模型缩放至合适大小（图 4-21）。

4. 创建绿植区

1）创建绿篱景观

公园中的绿篱景观，如图 4-22 所示。

（1）单击【推拉】按钮，将绿植区的边石向上推拉

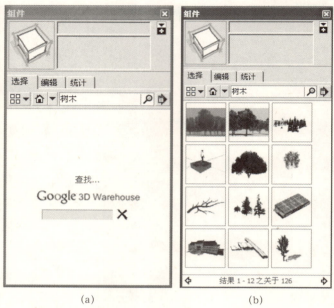

(a) 广场区行步路　　　　图 4-18　选择【窗口】组件　　　　　(a)　　　　　　　　　(b)

图 4-19　网络搜索树木组件

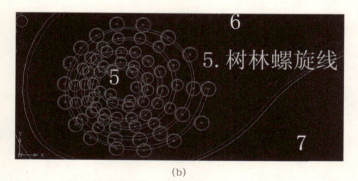

(b)

图 4-17　绿植景观分布图

20mm。

（2）单击【推拉】按钮，将绿植区的景观绿篱向上至合适的高度，如图 4-23 所示。

2）创建入口

入口景观分布，如图 4-24 所示。

（1）单击【推拉】按钮，将公园入口两侧的边石向上推拉 100mm。

（2）单击【推拉】按钮，将公园入口两侧的挡土墙向

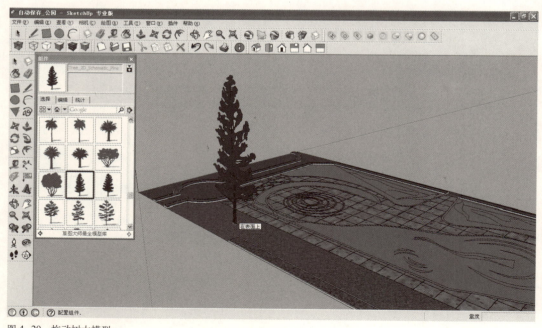

图 4-20　拖动树木模型

图 4-21　调整树木模型

图 4-22　绿篱景观平面局部

图 4-24　绿植景观分布图

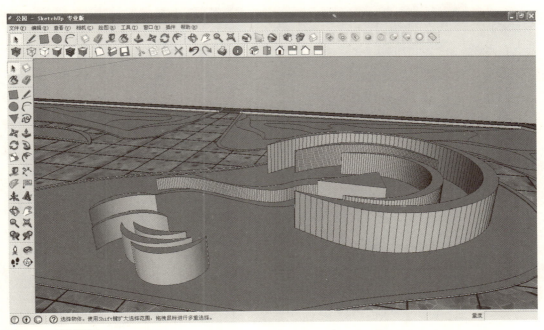

图 4-23　创建绿篱

上推拉 2000mm。

（3）单击【3D 文字】按钮，在【3D 文字】对话框中输入公园的名称"生态公园"，并调整字体及高度，点击放置，将其放在左侧的挡土墙上。

（4）单击【移动复制】按钮，按住【Ctrl】键，将放置好的文字复制一个到右侧的挡土墙上（图 4-25）。

（5）单击【推拉】按钮，将公园入口两侧的挡土墙后的景观绿篱向上推拉 300mm（图 4-26）。

3）贴材质

（1）单击【材质】按钮，在弹出的【材质】对话框中选择材质，为绿篱、公园入口、草坪、小路等进行材质的铺装。

（2）选择【材质】对话框中【编辑】选项，编辑材质（图 4-27）。

5. 创建水景区

水景区中的水池为下沉式设计，如图 4-28 所示。

1）创建水池

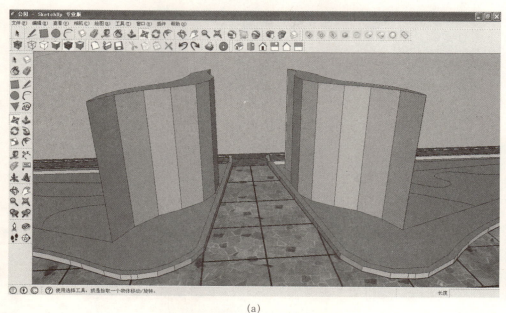

(a)

(b)

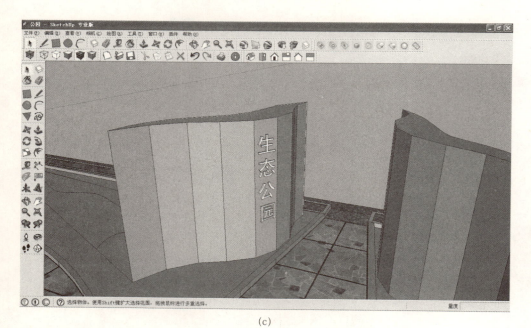

(c)

图 4-25 创建入口组图

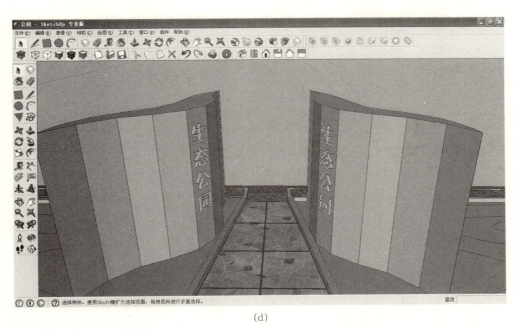

(d)

图 4-25 创建入口组图（续）

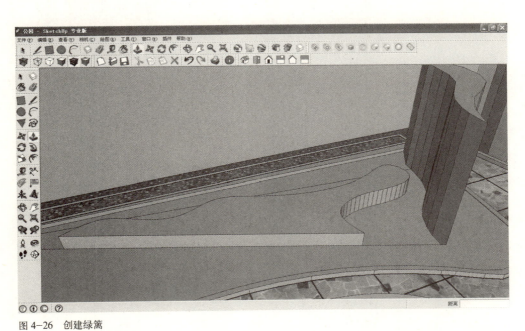

图 4-26 创建绿篱

（1）单击【推拉】按钮，将水池向下推拉 400mm（图 4-29）。

（2）单击【选择】按钮，选中水池底面，再单击【移动复制】按钮，按住【Ctrl】键，将底面复制到原水平面的位置（图 4-30）。

2）贴材质

为了模拟出真实的水面效果，使水面看起来更加的生动，我们首先在水池的底面贴上鹅卵石的材质，然后再在水面上贴上透明水面的材质，使两种材质叠加，营造出真实的水面效果。

（1）单击面类型工具栏中的【X 光显示模式】按钮，将界面变成透明，这样能够便于我们更好地选择水池的底面（图 4-31）。

（2）单击【选择】按钮，选中水池的底面，再单击单击【材质】按钮，选择鹅卵石材质，将其贴在水池的底面，并【编辑】材质（图 4-32）。

（3）单击【X 光显示模式】按钮，将视图恢复到【材

(a)

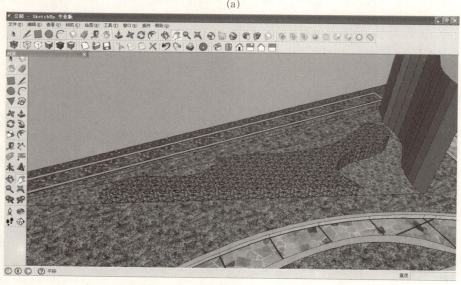

(b)

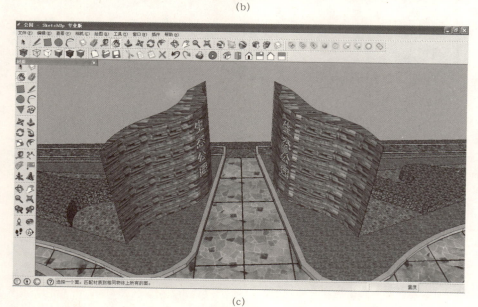

(c)

图 4-27 绿植区材质铺装组图

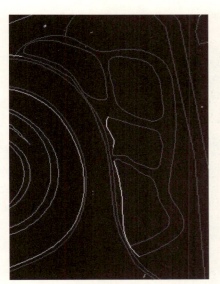

图 4-28 水景区

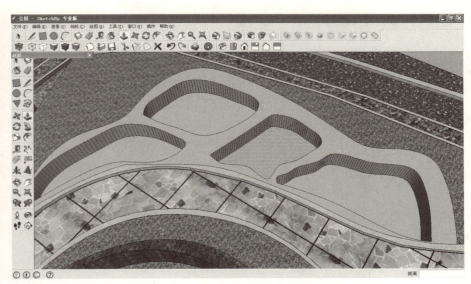

图 4-29 创建水池深度

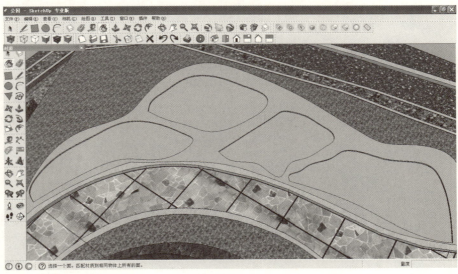

图 4-30 创建水池水面

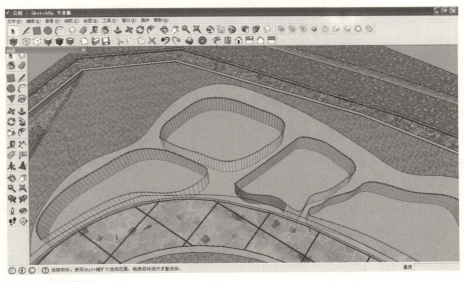

图 4-31 转变视图

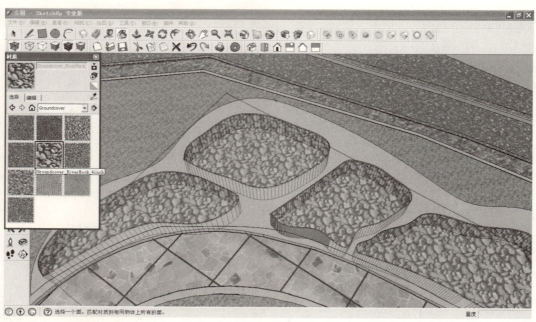

图 4-32 水池底面铺装

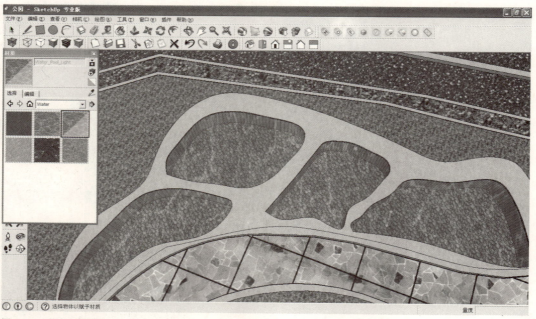

图 4-33 水池水面铺装

质贴图】视图显示,单击【材质】按钮,在弹出的【材质】对话框中选择透明度较高的水面材质,为水池的水面进行材质的铺装(图 4-33)。

6. 添加植物

根据方案的规划,需要在公园的周围添加大量的树木和绿植,以营造出天然的公园景观。

这里我们主要采用添加组件的方式,为公园添加上大量的树木与绿植。

单击工具栏中【窗口】选项,选择【组件】,在【组件】对话框中单击所选的树木模型,拖动鼠标,将树木模型插入图形中,单击工具栏中【缩放】按钮,把树木模型缩放至合适大小,如图 4-34 所示(调用组件方法,详见第 2 章)。

7. 添加小品

单击工具栏中【窗口】选项,选择【组件】,在【组件】

第4章 工作室教学第三单元——公园景区规划绘制项目 | 089

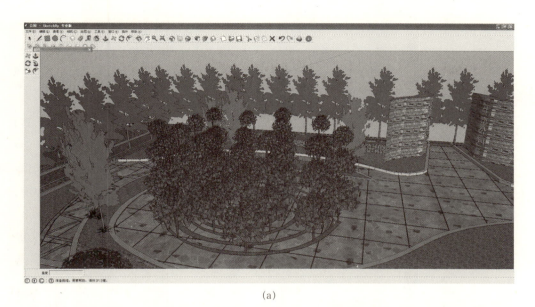

(a)

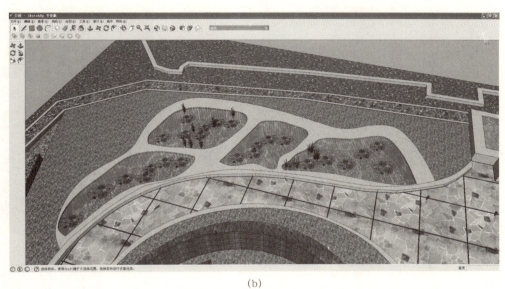

(b)

(c)

图4-34 添加植物组图

对话框中单击小品模型，拖动鼠标，将模型插入图形中，单击工具栏中【缩放】 按钮，把树木模型缩放至合适大小（图4-35）。

8. 增加阴影

（1）单击菜单栏中【窗口】选项，点击【阴影】命令，在弹出的【阴影设置】对话框中选中【启动光影】复选框，然后进行相应的时间与日期调整（图4-36）。

（2）单击菜单栏中【窗口】选项，点击【场景信息】命令，在弹出的【场景信息】对话框中选择【位置】选项，在右侧的窗口选择相应的地理位置，调整太阳正北角度（图4-37）。

9. 设置天空与背景

（1）单击菜单栏中【窗口】选项，点击【风格】命令，在弹出的【风格】对话框中选择【编辑】选项卡，在【背景】栏中选中【天空】复选框，并调整天空的颜色为浅蓝色（图4-38）。

（2）调整并优化视角，达到最佳的观察方式（图4-39）。

(a)

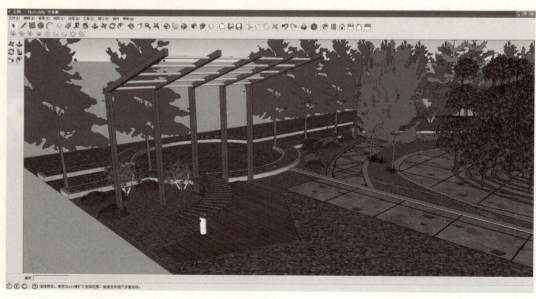

(b)

图4-35　添加小品组图

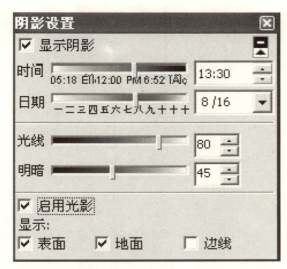

图 4-36 阴影设置对话框

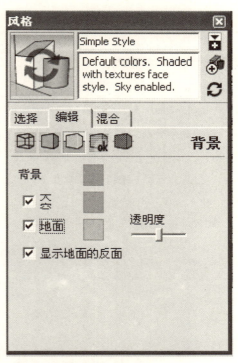

图 4-38 调整天空颜色

4.2.3 利用 VRay for Sketch Up 插件渲染公园景区

1. 基本介绍

VRay for Sketch Up 是一款非常优秀的内置渲染插件，主要表现在灯光、材质与贴图方面。它支持 GI 全局光照明、物理相机及景深效果、渲染动画、保存光照信息的 HDRi 贴图、换贴图和联机渲染等。

图 4-37 调整位置

图 4-39 完成效果

VRay for Sketch Up 是一款内置渲染插件，在 Sketch Up 软件中直接渲染即可，无须将 Sketch Up 软件制作的模型进行导出导入等操作。

1) VRay for Sketch Up 的工具栏

VRay for Sketch Up 的工具栏由 9 个按钮组成，分别为：【材质编辑器】按钮、【渲染参数设置】按钮、【V-Ray 帧缓换器】按钮、【渲染】按钮、【网址链接】按钮、【创建点光源】按钮、【创建面光源】按钮、【创建球体】按钮、【创建平面】按钮（图 4-40）。

图 4-40 VRay for Sketch Up 的工具栏

2) 渲染参数设置

VRay for Sketch Up 的渲染参数设置面板中可以对整个场景的渲染参数进行设置。合理的设置渲染参数，可以使模型的效果更加的真实（图 4-41）。

图 4-41 渲染参数设置面板

图 4-42 载入渲染参数设置

在 VRay for Sketch Up 的渲染参数设置面板中的【文件】菜单里，软件自带了很多模式下的推荐参数设置，便于用户直接调用。用户也可以自己设置好渲染参数进行保存和载入（图 4-42）。

2. 在 Sketch Up 中进行调整

(1) 关掉阴影选项，提高显示速度。

(2) 场景中的材质赋予完毕后，仍需对个别材质进行调整（图 4-43）。

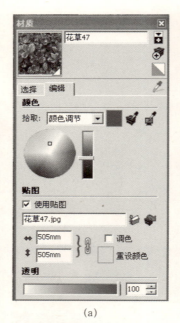
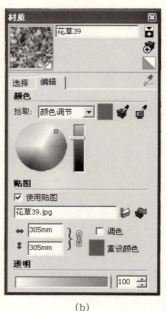

(a)　　　　　　　　(b)

图 4-43 调整材质尺寸、色彩

(3) 调整相机角度，建立两个页面进行比较（图 4-44）。

(4) 对阴影进行设置。

①点击【V-Ray for Sketch Up 渲染面板】，单击天光照明右侧的"m"按钮，激活【V-Ray 纹理编辑器】对话框（图 4-45）。

②选择纹理类型为"Sky"时，调整纹理参数，点击应用。当我们选择"Sky"类型时，会直接调用 Sketch Up 中的阳光参数。因此，要在 Sketch Up 中调整好位置、时间等影响

第4章 工作室教学第三单元——公园景区规划绘制项目 | 093

(a)

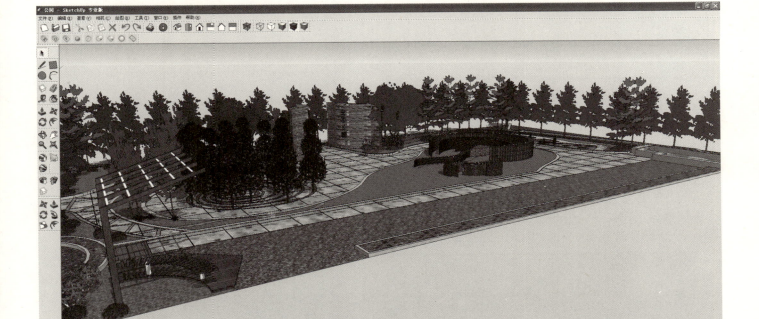

(b)

图 4-44 建立对比页面

(a)

(b)

图 4-45 【V-Ray 纹理编辑器】对话框

阴影的参数（图 4-46）。

在对 Sketch Up 场景中的模型材质进行大体调整后，便可以对 VRay for Sketch Up 的渲染参数进行调整。

3. 调整 VRay for Sketch Up 渲染参数

（1）在默认参数下单击【渲染】按钮，查看整体效果（图4-47）。

（2）默认渲染后，发现图片过亮，再次调整【V-Ray 纹理编辑器】对话框中的【天光照明类型参数设置】，将"亮度倍增值"修改为 0.05，单击【渲染】按钮，查看效果（图4-48）。

（3）打开【材质编辑器】对话框，调整几个主要材质参数，可以自己修改参数，也可以直接在材质名称上单击鼠标右键，通过弹出的快捷菜单导入材质参数文件并在此基础上进行修改（图 4-49）。

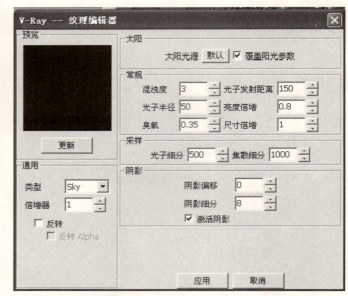

图 4-46 天光照明类型参数设置

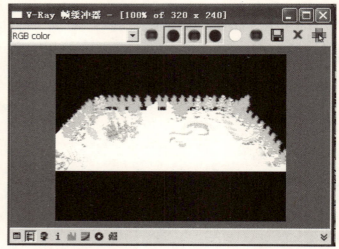

图 4-47 初次渲染效果

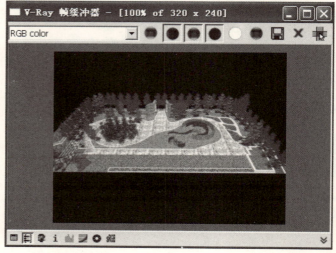

图 4-48 调整后效果

图 4-49 调整渲染参数

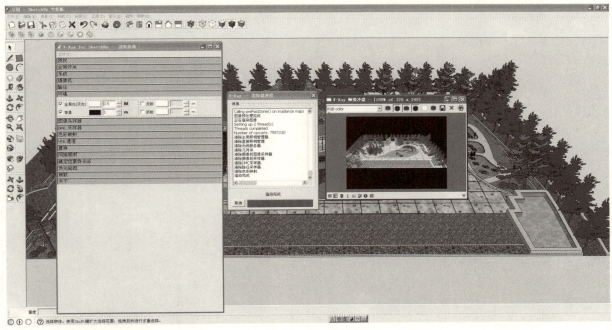

图 4-50 调整模型及材质后渲染

(4) 场景中的主要材质调整完毕后,单击【渲染】按钮,查看是否存在问题(图 4-50)。

(5) 渲染参数面板中调整测试渲染参数。

关闭"默认灯光";打开"物理摄像机"(参数默认);打开 GI 天光,类型选择 Sky(参数默认);图像采集器选择"固定比率"(在细分值比较低的情况下,渲染速度较快);一次反弹引擎选择"发光贴图",二次反弹引擎选择"灯光缓冲";发光贴图中,最小比率和最大比率均设置为 −3,具体设置如图 4-51 所示。

提示:合适的图像采样方法与图像的质量和渲染速度有着巨大的关系。通常,如果不需要模糊特效(全照明、光滑反射和折射、

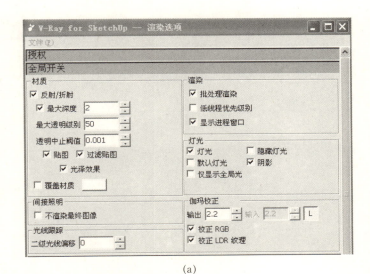

(a)

图 4-51 测试渲染参数设置组图

图 4-51 测试渲染参数设置组图（续）

缓冲的细分值设为1000，DMC采样器中的噪波阈值设为0.01；其他参数的具体设置，如图4-53所示。

（8）查看最终渲染结果，然后单击【保存】按钮进行保存（图4-54）。

(1)

图4-51 测试渲染参数设置组图（续）

面光源/阴影、透明)，自适应细分采样将是最快的并能产生最好的图像效果；如果场景中包含大量模糊特效（特别是混合使用以及使用了直接照明和摄像机景深），就应当用固定比率或自适应准蒙特卡洛采样；如果场景中只有少量部分需要抗锯齿，使用自适应准蒙特卡采样；如果需要大量的细节（如较好的贴图效果），固定比率采样将会获得比其他两种采样更好的效果。

（6）单击【渲染】按钮，查看测试渲染结果，如图4-52所示。

（7）调整最终渲染参数。

关闭"默认灯光"和"隐藏灯光"，最大深度设置为5；关闭"物理摄像机"，恢复"默认摄像机"；打开GI天光（类型选择Sky，浑浊度调整为2）；图像采集器选择"自适应细分"；一次反弹引擎选择"发光贴图"，二次反弹引擎选择"灯光缓冲"；发光贴图中，最小比率和最大比率分别设置为-3和-1，灯光

图4-53 最终渲染参数设置组图

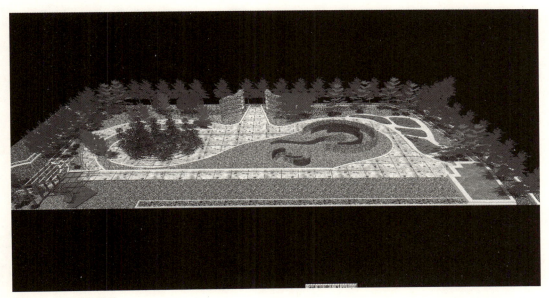

图4-52 测试渲染结果

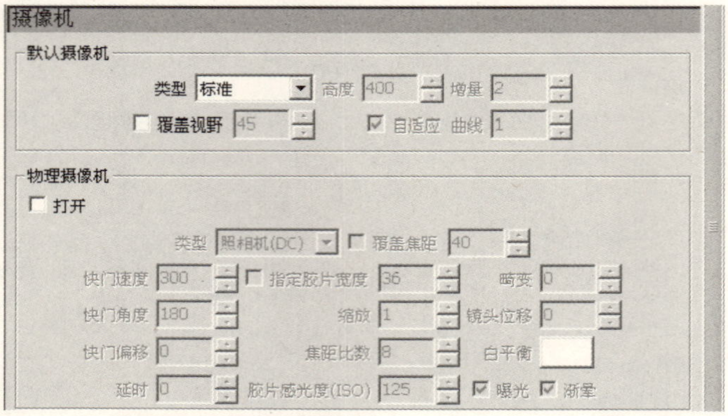

(c)

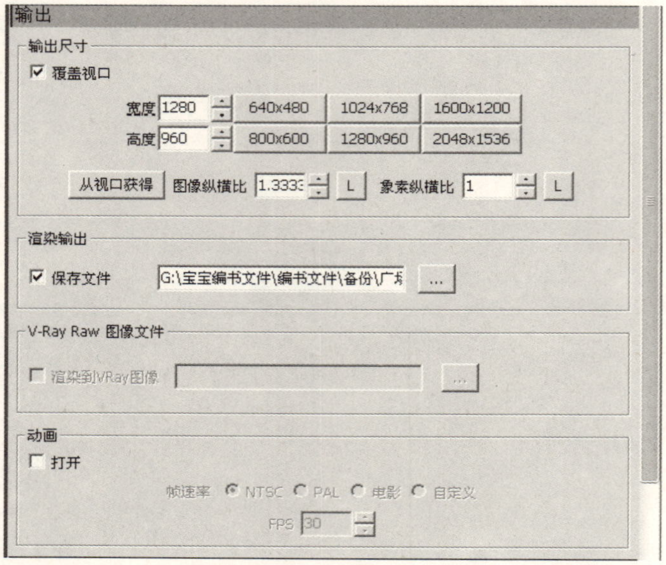

(d)

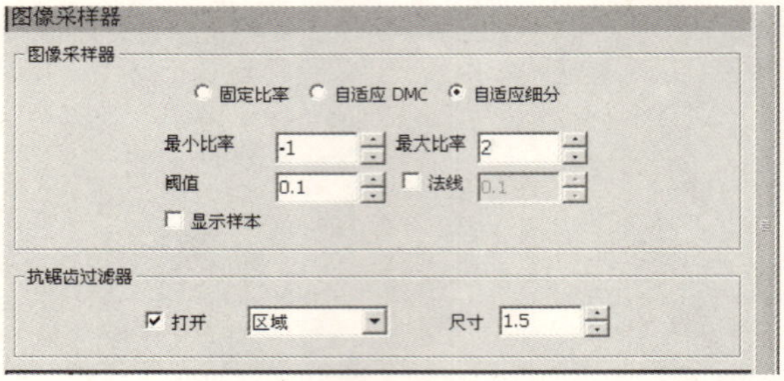

(e)

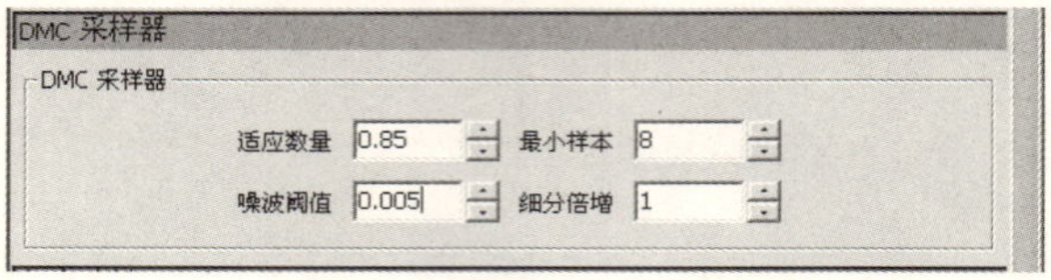

(f)

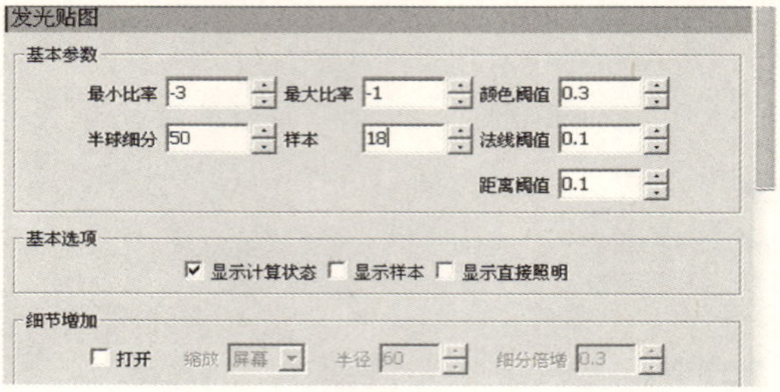

(g)

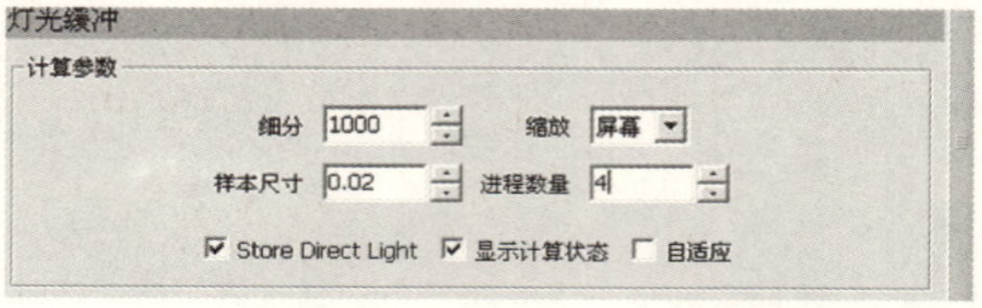

(h)

图 4-53 最终渲染参数设置组图（续）

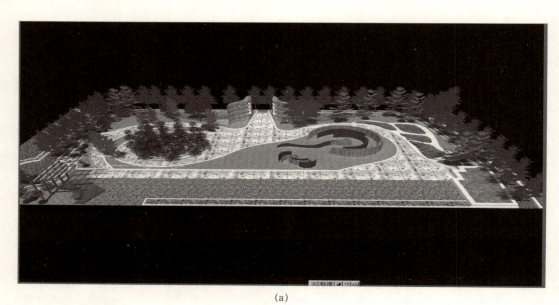

(a)

图 4-54 最终渲染结果组图

(b)

(c)

图 4-54 最终渲染结果组图（续）

4.2.4 利用 Photoshop CS 进行后期修图

1. 调整大体环境

在素材库中找到后期制作时需要的配景贴图，通过添加近景的道路和远景的湖面，来使得公园环境更加的丰富。在这里，通过通道图来选择选区，然后利用【滤镜】工具使配景完美地融入成品图中（图 4-55）。

2. 调整整体关系

观察已添加配景的图，发现主体区域与环境并不协调，需

(a)

(b)

(c)

图 4-55　大关系配景的添加

要进行处理，使得配景和画面更加的协调，在这里通过【曲线】和【色彩平衡】命令来调整图像颜色（图4-56）。

3. 处理画面效果

当整体色彩关系调整完成之后，为了表现出公园怡人的景象，接下来通过【滤镜】工具为图像添加特殊效果，使场景的怡人景象更加充分地体现出来（图4-57）。

图4-56 调整色彩平衡曲线

图4-57 最终处理效果

参考文献

[1] 高志清. 3DS MAX 现代园林景观艺术设计 第2版. 北京：机械工业出版社，2010.

[2] 火星时代. 3DS MAX & VRay 室外渲染火星课堂. 北京：人民邮电出版社，2009.

[3] 徐峰，曲梅，丛磊. Auto CAD 辅助园林制图. 北京：化学工业出版社，2007.

[4] 徐峰，曲梅，丛磊. 3DS MAX 辅助园林制图. 北京：化学工业出版社，2010.

[5] 徐永胜. Sketch Up/3DS MAX/Piranesi 建筑设计表现技法实例精解. 北京：中国电力出版社，2009.

[6] 实景工作室. Sketch Up+ VRay 效果图表现技法. 北京：清华大学出版社，2009.

[7] 韩振兴，范秋枕，边海，刘欣雨. Sketch Up 与景观设计. 北京：华中科技大学出版社，2010.

[8] 彭澎主编，农春妮，农伟，肖游东. Sketch Up 景观艺术设计教程. 北京：清华大学出版社，2007

[9] 胡浩，欧颖. Google Sketch Up 7——Sketch Up 的魅力 园林景观表现教程. 北京：华中科技大学出版社，2010.

[10] 麓山文化. 3DS MAX/VRay/Photoshop 园林景观效果图表现案例详解. 北京：机械工业出版社，2011.

[11] 唐海，白峻宇，李海英. 建筑草图大师 Sketch Up 7 效果图设计流程详解. 北京：清华大学出版社，2011.